西藏土壤
调查研究与改良利用

◎ 关树森　刘国一　尼玛扎西　著

中国农业科学技术出版社

图书在版编目（CIP）数据

西藏土壤调查研究与改良利用 / 关树森，刘国一，尼玛扎西著. --北京：中国农业科学技术出版社，2023.8

ISBN 978-7-5116-6285-9

Ⅰ. ①西… Ⅱ. ①关… ②刘… ③尼… Ⅲ. ①土壤调查－研究－西藏 ②土壤改良－研究－西藏 ③土壤资源－土地利用－研究－西藏 Ⅳ. ①S159.275 ②S156

中国国家版本馆CIP数据核字（2023）第 094775 号

责任编辑　于建慧
责任校对　李向荣
责任印制　姜义伟　王思文

出 版 者　中国农业科学技术出版社
　　　　　北京市中关村南大街 12 号　　邮编：100081
电　　话　（010）82109708（编辑室）　（010）82109702（发行部）
　　　　　（010）82109709（读者服务部）
网　　址　https://castp.caas.cn
经 销 者　各地新华书店
印 刷 者　北京中科印刷有限公司
开　　本　148 mm×210 mm　1/32
印　　张　5.375
字　　数　138 千字
版　　次　2023 年 8 月第 1 版　　2023 年 8 月第 1 次印刷
定　　价　58.00 元

前　言

　　西藏自治区（以下简称西藏）地处祖国的西南，幅员辽阔，面积120.28万km^2，占全国总面积的1/8。虽然地势高寒、农用地较少，但人均耕地面积多。如何利用好这一资源优势，是西藏管理部门的重要工作，也是农业战线土壤科技工作者的职责。

　　西藏的土壤研究工作开展得较晚。1951年，西藏和平解放以来，土壤肥料研究工作随国家决策而变化，随西藏各项事业发展、科技事业的进步而提高。自治区的土壤工作总体上经历了由无到有，由弱到强，由强到停，由停渐起，再由弱渐强的复杂的发展历程。

　　在西藏农业生产中，尤其是在粮食和牧草生产中，土壤起着十分重要的作用。西藏的生产实践也同样证明了"有土便有粮"的道理，土肥农牧业产量才会高。在全国面临人多地少、耕地紧缺的大环境下，西藏人均耕地2.5亩，远高于全国人均耕地1.25亩，然而西藏耕地单位面积产出量却很低。2016年，全区230万亩耕地的粮食总产仅100万t，平均亩产仅435 kg，在全国尚属较低水平。做好西藏自治区土壤研究，提高土壤肥力，为全区农牧业生产奠定扎实基础，对于促进西藏整体经济发展与社会进步有重大现实意义。

西藏土壤研究工作经历了从无到有、由点到线、由线到片直至后来全面开展的工作历程。尤其是1984—1989年开展的全区第一次土地资源调查，较全面而详细地摸清了西藏土地资源数量和质量，经过1989—1994年的数据汇总、专业书籍编写，形成了系统的文献资料，为后来的土壤资源合理开发利用奠定了坚实的基础。

西藏因地势、地理环境因素特殊而形成了有别于内地的土壤。西藏土壤类型、性状独特，但由于专业人员极缺、技术力量严重不足，致使相关研究面窄、层次浅，进展十分缓慢。鉴于这种情况，发挥全国一盘棋的制度优势，中国科学院、中国农业科学院及兄弟省（区）相关部门在土壤调查、分类及利用改良试验方面给予了无私帮助。

这些成果是长期在藏工作的汉族、满族、藏族等多民族众多科技人员共同努力取得。环境是艰苦的，但同事、同行、朋友相互支持、相互理解，工作又是快乐的，留下了许多美好的回忆。在此谨向一起度过快乐时光的朋友、同事和同行致以崇高的敬意！

本书得到沈阳农业大学原校长张玉龙教授审阅指正，在此谨致谢忱！

现将西藏土壤调查、试验研究结果及应用系统地总结于此书，希望为高效利用开发当地土壤资源提供参考。

著　者

2023年7月

目　录

第一章

西藏土壤调查与分类

1.1 西藏土壤调查的历史沿革

1.1.1 20世纪50年代

（1）1951年中央文化教育委员会组织西藏工作队农业组调查。长期以来，青藏高原是一个神秘的自然区域，由于长期不能进入西藏实地考察，1936年出版的《中国之土壤》中西藏部分全为空白。1941年，西藏区域土壤类型被推论为冰沼土；1951年，西藏和平解放，原中央文化教育委员会组织西藏工作队农业组在交通十分困难条件下，由成都赴昌都、拉萨、日喀则、山南部分地区做点块调查，收集到了少量的第一手资料。

（2）1954年，中国科学院院士李连捷（原中国农业大学教授）等进藏进行青藏高原自然区域调查，西藏自治区土壤资料得到进一步充实。

（3）1955年，中央从北京、南京等地抽调了一批中高级技术人员进藏进行调查。

（4）1958年，中央文化教育委员会把青藏高原科学考察列为重点科研项目，先后4次开展综合考察，克服了当时条件、考察的地区和专业内容有限等不利条件，对西藏土壤、气候、植被等自然景观有了进一步了解，为后来的考察提供了重要的线索。

1.1.2　20世纪60年代

（1）1960年，中国科学院西藏综合考察队进行西藏中部重点土壤调查。

（2）1962年，中国林业科学研究院张万儒等在青藏高原东部南部边缘地区开展了森林土壤调查。

（3）1964年，许冀泉、杨德涌等对西藏高原土壤的黏土矿物组成进行了调查。

（4）1965年，何同康等对西藏高原草甸土和亚高山草甸土的形成条件和发展特点进行了研究。

（5）1966—1968年，中国科学院南京土壤所张荣祖等在珠穆朗玛峰地区对黏土矿物土壤微形态、自然地理条件进行考察，在邻近的林芝地区进行了土壤调查。

这些调查、考察虽然属线路调查，但积累了宝贵的资料，填补了我国土壤研究西藏区域空白，为后来西藏高原土壤调查奠定了基础。

1.1.3　20世纪70年代

（1）1972年，中国科学院专门制订了《青藏高原1973—1980年综合科学考察规划》，并做了相关的准备工作。

（2）1973年，中国科学院组织青藏高原综合科学考察队，考察队员来自全国14个省（区、市）的56个单位，包括地球物理、地质、地理、生物、农林牧等50多个专业，共计400多人。考察队历时4年在完成野外考察基础上对部分地区进行了较全面的土壤调查。土壤调查由中国科学院南京土壤研究所主持，完成的区域有昌都、察隅、波密及其邻近地区。

（3）1974年，开展了山南地区及林芝地区的墨脱县、米林县、林芝县土壤调查。

（4）1976年，完成了拉萨、日喀则、阿里、那曲等地部分土壤调查，西藏自治区农业研究所（当时为农业试验场）卢跃曾参加了调查工作。

（5）1978年，以高以信、张连第为骨干的科考队对阿里地区盐土的发生演变特点及其硼含量特征进行了调查。

（6）1979年，陈鸿昭等完成了西藏南部地区的土壤区划调查，李吉均等对青藏高原隆起的时代、幅度和形式进行了探讨。中国科学院青藏高原综合科考队综合过去的历次考察结论和本次较大规模的考察结果，由高以信、陈鸿昭、吴志东、孙鸿烈、李明深等撰写了《西藏土壤》。

1.1.4　20世纪70—80年代

1979年，西藏自治区首次开展了系统的土壤普查，1979年年初国务院下发文件下达了全国第二次土壤普查任务，西藏自治区农牧厅根据该文件要求组织了西藏自治区土壤普查办公室。办公室主任为农牧厅厅长胡颂杰，副主任为农业局楚玉山局长担任，卢跃曾、毛仪礼、关树森为办公室成员。同年5月在拉萨市达孜县进行全区土壤普查试点。1980年，拉萨、山南、日喀则、昌都等4地农垦系统分别成立了土壤普查队，人员编制103人，藏族干部占80%。后来各地区又组织了外业调查队，组建了室内分析化验室。卢跃曾负责全区的外业调查，毛义礼负责制图，关树森负责室内化验分析培训，自此西藏有了自己的土壤工作技术队伍。

此次土壤调查采取短期培训和实际工作现场具体指导结合的办

法，不断提高人员技术素质，扩大了调查队伍规模；分批开展了14个县的土壤普查和土地利用现状概查，还在乃东开展了农业区划试点工作。

1980年10月，时任中共中央总书记胡耀邦来西藏指导工作，提出调整藏族、汉族干部比例，把进藏大学生、干部的80%调回内地，使藏族、汉族干部比例为7：3。这一指示下达后，内地进藏大学生、干部调回内地，使西藏各地刚刚组建起来的土壤普查技术队伍受到影响，根本无法正常开展工作。

1.1.5　20世纪80—90年代

1984年，国务院下达（70号）文件，要在全国开展土地利用现状详查和土地资源评价。为了完成这次调查任务，西藏自治区人民政府认真分析了全国土地资源调查的整体部署与区内现有技术力量的状况，向原农牧渔业部提出了技术援助的申请。原农牧渔业部土地利用管理局于1984年8月组织原中国科学院南京土壤所、北京地理所、遥感应用所和中国农业科学院土壤肥料研究所及河北、山东、湖南、湖北、陕西、青海、甘肃、四川、新疆等地100个单位100多名专家、学者和西藏本地干部，形成了总计685人的土壤调查队伍；其中，技术干部中有80%是援藏干部，20%是当地本民族干部。时任西藏农牧厅厅长、党组书记胡颂杰和副厅长于学林负责西藏全区的土壤和土地调查工作，又将已经调往贵州的关树森调回担任技术组总负责。1985年先后派何明鲁、王拓根负责联系购买"两调"（土壤调查和土地调查）使用的航片，由于没有购得，1986年改由关树森负责此项工作；而后又改由李建平为技术总负责。

这次西藏大规模两土资源调查历时8年之久，获取实地调绘航片近万张，土壤主剖面资料万余份，土壤纸盒标本9 427个，采集并分析农化样8 697个，剖面分析样20 568个，土壤理化分析总计达75万项次，编绘出县、地、自治区3级专业成果图件990余种，撰写书、志和调查报告390余本，3 106余万字。据此编著了《西藏自治区土地资源》《西藏自治区土种志》《西藏自治区土壤资源数据集》《西藏自治区草地资源》《西藏自治区土地资源评价》《西藏自治区土地利用》等专业书籍。调查查清了西藏现有耕地680.57万亩，牧草地96 934.8万亩，林地10 716万亩，未利用土地54 354.8万亩，分别占全区总土地面积的0.31%、56.72%、6.27%和31.8%。

这次调查工作的深度、广度及所取得资料的系统程度都是西藏历史上前所未有的。此次调查西藏自治区取得的系列土壤资料与成果，为制订规划进一步促进西藏土壤的合理利用和发展农牧生产提供了完整的科学依据。该项目成果获得了西藏自治区科技进步奖特等奖、国家科技进步奖一等奖，成为西藏科技史上一个重要的业绩，把西藏自治区土壤科学工作推上了新高度。

然而，土壤和土地调查工作结束后，大部分抽调的专家、技术人员撤出西藏，西藏本土专业技术人员也大都离开这支队伍，致使西藏自治区土壤专业技术队伍基本又回到了原来状态。西藏自治区土壤专业技术人员至今一直严重不足，目前全区从事土壤及相关专业的技术人员不足40人，实际工作在土壤科技一线的不足20人；作为专业研究机构的西藏自治区农牧科学院资源环境研究所（由原农业研究所土肥研究室提升）在编人员不足20人，各地区农牧局下设的土地专业行政管理机构土地管理科也只有十几个人，而到县几乎都没有专门机构也没有专职技术人员。

总之，西藏自治区"两土调查"取得了丰硕成果，让这些成果继续"发扬光大"并应用于生产实际仍然严重缺乏专业技术人员；土地和土壤资源的调查和研究工作，尚需大量的专业技术人员。西藏自治区土地、土壤方面的科研项目多、前景广阔，还有大量的科研空白等待有志之士去填补和创新。

1.2 西藏的土壤分类

1.2.1 国内外的土壤分类

国内外土壤分类系统有很多种，分类角度不同，形成的分类系统也不相同。常见的分类系统有以下几种。

1.2.1.1 朴素唯物观的土壤分类

朴素唯物观的分类是最古老的分类。早在公元前2世纪至公元前3世纪我国的《禹贡》《管子地员篇》就依据土壤肥力特征将土壤分为18类，其中的一些土壤概念至今仍有现实意义，例如"青黎"（今称"青泥"）比西方文献所称的最早西欧土壤分类还早2 000多年。

1.2.1.2 地质观的土壤分类

18世纪中叶，地质学家泰以尔等在观察研究坚硬岩石时提出了黏土、砂土的概念；1862年，法鲁根据地质成因划分为不同岩性的风化残积土和不同质地的冰积土；1886年，李希霍芬根据土壤受风的搬运情况，划分出洪积、海积、冰积、风积类型土。

1.2.1.3 地带说的土壤分类

1846—1903年，道库恰耶夫对俄罗斯平原黑钙土的形成进行研究，创立了土壤地带性及生物为主导成因等学说，使土壤学成为自然科学的一门学科，奠定了土壤发生分类的基础理论。

1967年，苏联的分类以生物气候为土纲，再按水分状况分类型而分为自然、半水成及水成土，其下分为110个土类，土类之下再设亚类。随着研究的深入，其分类系统出现了3个分支；一是地理发生分支，按土壤形成过程中特定的土壤性质划分土类；二是形态发生分支，依土壤的形态、理化特性进行分类；三是进化发生分支，以土壤历史发生演化阶段为分类的标准。这些分类均以土壤发生学为分类的主要依据。土壤地带性分类以土类为主，用土类的地带性进行推演概括，使土类大范围内分布规律清晰、系统性明确，有很多可取之处。苏联的土壤分类对不少国家产生了影响，早期的美国土壤分类即属于此；美国分类又为少数国家所引用。新中国成立后的我国大致与苏联相似。

1.2.1.4　依据土壤风化和发育程度的土壤分类

欧洲国家按土壤发育程度及风化壳类型分类，例如法国按AC→A（B）C→ABC演化顺序进行分类；古比亚纳以陆上水成（半水成）土纲，结合有机质累积和分解形态划分土类，根据是土壤微结构类型；莫根浩森分类注重土壤水分渗透方向和程度，也重视土壤剖面形态、母质类型及特定物质的运动。

1.2.1.5　依据土壤诊断层的土壤分类

美国史密斯等经过长期的工作，1960年发表草案，经1964年年、1967年补充，于1975年正式发表了土壤分类方案。该分类主要依据土壤诊断层将土壤划分10个土纲，再依据冷热、干湿以及水分状况、成土物质差异等细分为47个亚纲和240个土类。

1.2.1.6　我国的土壤分类

根据对西安半坡文化遗址的记载，我国早在5 800～6 080年前已开始从事农耕，种植小米等作物。我国的古代土壤分类思想朴素，其依据是土壤肥力，比西方早2 000多年，只是受长期封建统治制约而没有得到很好的继承与发扬。

在20世纪30年代的国民党统治的旧中国，我国为数不多的土壤科技人员以简陋的仪器设备开展了土壤调查与分类研究；当时拟订了水稻土、紫色土等10余个土类，在分类方法上受美国早期分类的影响较大。

新中国成立后，1953年开始运用土壤发生学观点对我国土壤进行分类，拟订了褐土、草甸土、暗棕色森林土等土类。

1958—1961年，我国开展了第一次全国土壤普查，对全国土壤进行了大量的调查研究和分类。第一次全国土壤普查总结了农民丰富的辨土、识土、改土和因地制宜、定向培肥土壤的经验，分类命名以农民群众名称为主，并提出"由死土变活土、活土变油土"等耕作土壤发育的理论。在"自然土壤"与"农业土壤"的发生分类命名上开展了学术争论，促进了我国土壤分类的发展，为我国土壤分类逐步脱离前期受美国、后期受苏联影响而开始走向自己的分类系统打下良好的基础。

1984年开始在全国范围内开展了第二次土壤普查。这次普查建立了农村试点，在系统整理新中国成立以来所积累的大量土壤普查、调查资料的基础上，拟订了一个能全面反映我国土壤特点的全国统一分类系统，共41个土类121个亚类。这一成果集中地反映在《中国土壤》中。

1.2.2　西藏的土壤分类

西藏自治区的土壤调查和分类工作开展较晚，和平解放后中国科学院青藏高原综合考察队、中国科学院南京土壤研究所有关专家多次进藏进行土壤调查和开展相关研究，但对土壤分类和土壤命名没有统一的意见。这一时期的土壤分类值得肯定的是都把成土条件作为分类前提，把成土过程和土壤属性作为主要依据。

1.2.2.1　20世纪50—60年代

中国科学院青藏高原综合科学考察队在这一时期对青藏高原所做的土壤调查是以景观为依据进行分类。所做工作虽然不多，但取得了较为重要的成果。

1.2.2.2　20世纪70—80年代

20世纪70年代中期（1975年）中国科学院南京土壤研究所综合考察队青藏组的土壤分类，以成土过程和土壤演变规律作为基础，重点考虑各土类的共性、个性及其相互联系；高级分类单元根据成土条件、过程及其属性决定，采用土纲、土类、亚类、土属、土种5级制，共分了13个土类26个亚类（表1-1）。

1978年，中国科学院青藏高原综合科考队高以信等完成了土壤分类，其分类结果如表1-2。

表1-1　中国科学院南京土壤研究所青藏组1975年暂拟西藏土壤分类

序号	土类	亚类	土属
1	寒冻土 （高山寒冻土）		
2	草毡土 （高山草甸土）	原始草毡土 草毡土 草原化草毡土 潜育草毡土	草毡土 残余碳酸盐草毡土
3	莎嘎土 （高山原甸土）	班毡莎嘎土（高山草甸草原土） 莎嘎土 荒漠化莎嘎土	
4	寒漠土 （高山荒漠土）		

（续表）

序号	土类	亚类	土属
5	黑毡土	黑毡土	黑毡土
			残余碳酸盐黑毡土
		草原黑毡土	
		潜育黑毡土	
		耕作黑毡土	
6	棕毡土（亚高山灌丛草甸土）	漂灰化棕毡土	
		棕毡土	棕毡土
			紫棕毡土
		草原化棕毡土	
7	巴嘎土（亚高山草原土）	班毡巴嘎土（亚高山草原土）巴嘎土耕种巴嘎土	
8	冷漠土（亚高山荒漠土）	草原化冷漠土冷漠土	草原化冷漠土耕种草原化冷漠土
9	阿嘎土（山地灌丛草原土）	淋溶阿嘎土	
		阿嘎土	
		碳酸盐阿嘎土	阿嘎土
		荒漠化阿嘎土	残余潜育阿嘎土
		耕种阿嘎土	
10	漂灰土	漂灰土	
		棕色漂灰土	棕色漂灰土
			紫棕色漂灰土
11	酸性棕壤土（暗棕壤）	酸性棕壤土	酸性棕壤土耕种酸性棕壤土
		生草酸性棕壤土	
12	棕壤土	腐殖质棕壤土	

（续表）

序号	土类	亚类	土属
12	棕壤土	棕壤土	棕壤土
			耕种棕壤土
		草甸棕壤土	草甸棕壤土
			耕种草甸棕壤土
13	棕褐土	棕褐土	棕褐土
			耕种棕褐土
14	褐土	淋溶褐土	
		褐土	
		碳酸盐褐土	粗骨质碳酸盐褐土
			碳酸盐褐土
			黏壤质碳酸盐褐土
		耕种碳酸盐褐土	
15	黄棕壤土	淋溶黄棕壤土	
		腐殖质黄棕壤土	
		黄棕壤土	黄棕壤土
			耕种黄棕壤土
16	黄壤土	腐殖质黄壤土	腐殖质黄壤
			泥炭化腐殖质黄壤
		黄壤土	黄壤
			残余铁铝质的黄壤
			耕种黄壤
17	砖红壤土	黄色赤红壤土	
		黄色砖红壤土	
18	草甸土	沼泽草甸土	
		草甸土	
		草原化草甸土	
		盐化草甸土	
		耕种草甸土	

（续表）

序号	土类	亚类	土属
19	沼泽土	泥炭土 泥炭沼泽土 腐殖质沼泽土 盐化沼泽土	
20	盐土	沼泽盐土	
		盐土	氯化物-硫酸盐盐土 硫酸盐氯化物盐土
		碱化盐土	碳酸钠碱化盐土 碳酸镁碱化盐土
21	水稻土	黄泥田 潮泥田	

表1-2　中国科学院青藏高原综合科学考察队高以信等西藏土壤分类（1978年）

土纲	土类	亚类	土属
寒冻土	寒冻土		
毡土	草毡土	原始草毡土	
		草毡土	草毡土 残余碳酸盐草毡土
	黑毡土	淡草毡土 淡黑毡土 耕种黑毡土 黑毡土	黑毡土 残余碳酸盐黑毡土
钙质土 （嘎土）	漠嘎土	漠嘎土	漠嘎土 薄层漠嘎土
	莎嘎土	淋溶莎嘎土	
		莎嘎土	莎嘎土 薄层莎嘎土

（续表）

土纲	土类	亚类	土属
钙质土 （嘎土）	巴嘎土	淋溶巴嘎土	
		巴嘎土	
		耕种巴嘎土	
	阿嘎土	淋溶阿嘎土	
		阿嘎土	
		表聚碳酸盐阿嘎土	
		耕种阿嘎土	
漠土	寒漠土	寒漠土	
		龟裂寒漠土	
	冷漠土	灰冷漠土	灰冷漠土
			耕作灰冷漠土
		冷漠土	
漂灰土	棕毡土	泥炭漂灰化棕毡土	
		棕毡土	
	漂灰土	腐殖质淀积漂灰土	
		泥炭质漂灰土	
		漂灰土	
棕壤土	酸性棕壤土	泥炭质酸性棕壤土	
		酸性棕壤土	酸性棕壤
			耕种酸性棕壤
		生草酸性棕壤土	
	棕壤土	棕壤土	棕壤
			薄层腐殖质棕壤
			耕种棕壤
		草甸棕壤土	草甸棕壤
			耕种草甸棕壤
	黄棕壤土	表浅黄棕壤土	
		腐殖质黄棕壤土	
		黄棕壤土	

（续表）

土纲	土类	亚类	土属
褐土	棕褐土	棕褐土	棕褐土 耕种棕褐土
	褐土	淋溶褐土	
		褐土	
		碳酸盐褐土	粗骨质碳酸盐褐土 碳酸盐褐土 黏壤质碳酸盐褐土
		耕种碳酸盐褐土	
富铝土 （红壤）	黄壤土	腐殖质黄壤	
		黄壤土	黄壤 残余硅铁质红黄壤
	赤红壤	黄色赤红壤	
	砖红壤	黄色砖红壤	
半水成土	毡状草甸土	微酸性毡状草甸土	
		碳酸盐毡状草甸土	
		盐化毡状草甸土	
		耕种毡状草甸土	
水成土	沼泽土	泥炭土	
		泥炭沼泽土	
		腐殖质沼泽土	
		盐化沼泽土	盐化沼泽土 苏达盐化沼泽土
盐成土	盐土	沼泽盐土	沼泽盐土 苏达沼泽盐土
		草甸盐土	氯化物—硫酸盐草甸盐土 硫酸盐草甸盐土 硫酸盐—氯化物草甸盐土

（续表）

土纲	土类	亚类	土属
盐成土	盐土	碱化盐土	碳酸钠碱化盐土 碳酸镁碱化盐土
水稻土	水稻土		黄泥田 潮泥田

中国科学院南京土壤研究所刘朝瑞的分类系统如表1-3所示，该系统遵循了生物气候地带性决定土类发生特性的思想，土壤命名引用植被景观名称；即土壤与植被呈一致性，土壤类型随气候热量增减、水分多少发生土壤质的变化。

表1-3　1975年刘朝端的西藏高原土壤分类系统一览表

序号	土类	亚类
1	高山寒漠土	
2	高山草甸土	高山草甸土 草原化高山草甸土
3	高山草原土	高山草甸草原土 高山草原土
4	高山荒漠土 （包括高山荒漠草原土）	
5	亚高山草甸土	亚高山草甸土 亚高山灌丛草甸土 草原化亚高山草甸土 草原化亚高山灌丛草甸土 耕种亚高山草甸土
6	亚高山草原土	亚高山草原土 耕种亚高山草原土
7	亚高山荒漠土	
8	灌丛草原土（阿嘎土）	淋溶灌丛草原土 典型灌丛草原土 原始灌丛草原土 耕种灌丛草原土

（续表）

序号	土类	亚类
9	棕褐土	
10	灰化土	棕色灰化土 淀积腐殖质灰化土
11	棕壤	典型棕壤 耕种棕壤
12	黄壤	
13	草甸土	草甸土 潜育草甸土 草原化草甸土 盐化草甸土 耕种草甸土
14	沼泽土	腐殖质沼泽土、泥炭沼泽土、泥炭土
15	盐土	草甸盐土

1.2.2.3　20世纪80年代

（1）卢跃曾的分类方法　20世纪70年代末期，西藏自治区农科所卢跃曾参加了中国科学院西藏综合考察队的多次野外土壤调查，积累了较多的经验和体会；他据此结合当地农民所用藏语名称，拟订了西藏本土土壤分类系统，共6个土纲25个土类。这一新结果发表在了《西藏农业科技》1982年第1期（表1-4）。

（2）西藏农牧厅关树森的成土过程土壤分类　1979年，西藏开展了首次土壤普查，卢跃曾、关树森、毛仪礼3人为主要技术负责人，关树森在学习20世纪60—70年代中国科学院青藏高原综合技术考察队、南京土壤所等所做调查、考察所得资料与成果的基础上，结合实际调查与研究成果，提出了西藏土壤分类系统。将西藏土壤划分为12个土纲、39个土类、110个亚类、88个属，发表在《西藏科技》1985年第3期。研究提出在西藏土壤垂直地带谱中

表1-4　1982年西藏农牧厅七一农试场卢跃曾土壤分类

系列	土类	亚类	系列	土类	亚类
高山草甸系列	草毡土	厚层草毡土（单皮层厚）、中层草毡土、薄层草毡土	高原森林草原系列	高原河谷灰褐土	高原河谷灰褐土、高原河谷淋溶灰褐土、高原河谷碱化灰褐色土、碳酸盐钙结层灰褐色土
	黑毡土	黑毡土、碳酸盐黑毡土、耕种黑毡土		高原河谷褐土（高原河谷褐色森林土、石灰性棕色土）	高原河谷褐土、高原河谷碳酸盐褐色钙结褐土、高原河谷淋溶褐土、高原河谷草甸褐土、高原河谷棕褐土、高原河谷耕种草甸褐土（褐黄土）、高原河谷褐红褐土（潮黄褐土）、腐殖质碳酸盐褐色森林土
	棕毡土	棕毡土、漂灰棕毡土、耕种棕毡土			
高山荒漠土系列	高山寒漠土	石质寒漠土、砾质寒漠土	高原森林土系列	高原河谷棕色森林土	高原河谷草甸棕壤（草甸化棕色森林土）、高原河谷灰化棕色森林土
	高山漠土（高山棕漠土）	钙积砾幕砂漠、洪积角砾砂漠			
	高原草原化荒漠土（高原河谷灰漠土）	高原河谷石质灰漠土、高原河谷草甸灰漠土			
高原草原化土系列	莎嘎土（高原河谷棕钙土）	莎嘎土、暗色莎嘎土、耕种莎嘎土			
	巴嘎土（高原河谷灰钙土）	巴嘎土（灌丛草原土）、草甸化巴嘎土（草甸化草原土、班毡巴嘎土）、淋溶巴嘎土、耕种巴嘎土			

（续表）

系列	土类	亚类
高原草原化土系列	高原河谷暗棕壤	高原河谷表浅棕色森林土（黄棕土） 高原河谷耕种种草甸棕壤 高原河谷耕种种草甸棕壤（潮黄土）
高原草原化土系列	高原河谷暗棕壤	高原河谷草甸暗棕壤 高原河谷潜育化暗棕壤 高原河谷灰化暗棕壤
高原草原化土系列	高原河谷灰化土（漂灰土） 高原河谷棕色灰化土（棕色针叶林土，酸性棕土）	高原河谷（山地）（灰化土）（漂灰土） 高原河谷（山地）腐殖质淀积层灰化土

系列	土类	亚类
水成土	高原河谷草甸土	高原河谷盐渍化草甸土 高原河谷沼泽化草甸土 高原河谷耕种划甸土（黄潮土） 高原河谷高山潮盆草甸土
半水成土	高原河谷沼泽土	高原河谷淤泥沼泽土 高原河谷草甸沼泽土 高原河谷腐殖质沼泽土 高原河谷泥炭沼泽土
土系列（包括盐碱、水、水稻土）	高原河谷泥炭土	高原河谷高位泥炭灰土 高原河谷中位泥炭灰土 高原河谷低产泥炭灰土
	高原河谷盐土	高原河谷草甸盐土 高原河谷沼泽盐土 高原河谷旧湖盆盐土 高原河谷耕种草甸盐土（潮黄土）

（续表）

系列	土类	亚类	系列	土类	亚类
高原草原化土系列	高原河谷灰色森林土（草甸化森林土、灰黑土）	高原河谷（山地）暗灰色森林土（草甸化灰黑土） 高原河谷（山地）浅灰色森林土（浅灰黑土） 高原河谷（山地）灰色森林土（灰黑土）	土系列（包括盐碱水、水稻土）	高原河谷碱土	
				高原河谷水稻土	
	（高原河谷）山地黄棕壤	（高原河谷）山地黄棕壤 （高原河谷）山地耕种黄棕壤		紫色土	高原河谷石灰性红色土 高原河谷石灰性紫色土
水成土半水成土	高原河谷草甸土	高原河谷暗色草甸土 高原河谷草甸土 高原河谷灰色草甸土（灌丛及草甸）	高原河谷始成土	高原河谷风砂土	高原河谷流动风砂土 高原河谷丰固定风砂土 高原河谷固定风砂土
				高原泥石流黑土	

有机质含量与土壤酸碱度（pH值）呈反向分布规律（图1-1）。强调土壤命名力求反映成土过程形成的土壤属性，名称字数要少、一般3~5个字，简单明了，便于理解、记忆和使用；此外，土壤分类名称还要反映西藏高原地带性特点，避免同土异名、同名异土、名不副实、含义含糊、名称太长（表1-5）。

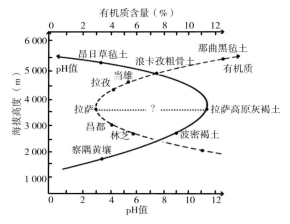

图1-1　西藏土壤垂直带谱的有机质含量与pH值分布规律

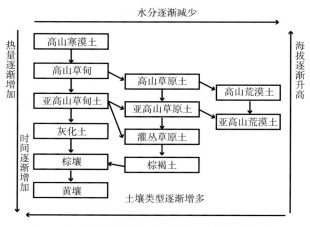

图1-2　刘朝瑞绘制的西藏土壤演化分布示意

1.2.2.4　20世纪90年代

1991年，西藏自治区土地管理局在中国科学院4所及内地9省（区）相关单位的帮助下，全面总结1984年以来历时8年的全区土地资源调查和1979年西藏第一次土壤普查的资料，把西藏全域土壤划分9个土纲，19个亚纲，28个土类，67个亚类，362土属和2 236个土种（表1-6）。这是西藏土壤分类工作的阶段性总结，使该区的分类系统更加全面、系统和完善。此外，对土属、土种这两级基层分类单元，特别是耕地土壤的基层分类单元做了较为详尽的划分，这一时期深入细致的工作，为土壤分类结果在农业生产中应用奠定了基础。

表1-5　1984年西藏农牧厅关树森的土壤分类表

土纲	土类	亚类	土属
寒冻土	永冻土		
	溶冻土		
	冻溶土		冰冻残积 冰冻残坡积 坡残积
毡土	寒毡土	寒毡土	酸性岩
		剥蚀寒毡土	中性岩
	冷毡土	冷毡土	酸性岩
		破碎冷毡土	中性岩
		耕种冷毡土	石灰性岩
	温毡土	温毡土	酸性岩
		耕种温毡土	中性岩
始成土	粗骨土	粗骨土	碎屑风化物
		斑块粗骨土	洪积物、坡积物

（续表）

土纲	土类	亚类	土属
始成土	幼年土	幼年土	石灰岩
		斑块幼年土	碳酸盐风化物
		耕种幼年土	非石灰性
初育土	紫色土	酸性紫色土	原积物
		石灰性紫色土	坡积物
		中性紫色土	冲积物
	石质土	薄石质土	硅铝质石质土
		厚石质土	钙质石质土
			硅质石质土
	石灰土	黄色石灰石	坡积物
			坡残积物
		灰色石灰石	坡积物
			坡残积物
		石卡拉土	坡积物
			坡残积物
	新积土	洪积土	洪冲积物
			冲沉积物
		冲积土	冲积物
			冲沉积物
	风砂土	流动风砂土	山根
		半固定风砂土	河漫滩
		固定风砂土	沿河沟川
	火山灰土	火山灰土	火山喷出口
		基性火山灰土	
		腐殖质火山灰土	旧火山口
钙层土	栗钙土	栗钙土	坡地
		草甸栗钙土	平地

（续表）

土纲	土类	亚类	土属
钙层土	灰漠土	灰漠土	残积物（薄层）
		草甸灰漠土	冲洪积
		钙化灰漠土	坡残积（砂质）
	灰钙土	灰钙土	残积
		浅灰钙土	冲洪积
		草甸灰钙土	
褐土	高山灰褐土	灰褐土	冲洪积、冲积、
		淋溶灰褐土	洪积、坡积、
		草甸灰褐土	河淤积
		碳酸盐灰褐土	坡残积
		河谷灰褐土	河滩阶地
		耕种灰褐土	
	栗褐土	淋溶栗褐土	洪、冲积
		草甸栗褐土	河淤积、
		碳酸盐栗褐土	河滩阶地
		河谷栗褐土	
	褐土	褐色土	表层无石灰反应
		红褐色土	全层无石灰反应
		草甸褐土	
		淋溶褐土	阶地
		耕种褐土	
淋溶土	漂灰土	漂灰土	冲积、洪积
		草甸漂灰土	坡积、洪积
		棕色漂灰土	河淤积
		腐殖质漂灰土	河滩阶地

（续表）

土纲	土类	亚类	土属
淋溶土	白浆土	白浆土	冲洪积
		草甸白浆土	河淤积
		潜育白浆土	
	暗棕壤	暗棕壤	
		草甸暗棕壤	河淤积
		灰色暗棕壤	
		白浆化暗棕壤	
	棕壤	棕壤	坡积物
		酸性棕壤	残积
		棕壤性土	冲洪积
		灰化棕壤	冲积
		草甸棕壤	河淤积
		耕种棕壤	
	黄棕壤	黄棕壤	坡地
		黄褐土	平地
		暗黄棕壤	沟谷山地
		耕种黄棕壤	
	灰化土	灰化土	灰化土
	灰黑土	灰黑土	灰黑土
		暗色灰黑土	暗色灰黑土
		黑土	黑土
铁铝土	黄壤	黄壤	铁铝质
		表浅黄壤	硅质、砾质黄砂
		漂洗黄壤	黏土质
		黄壤性土	紫色岩
		耕种黄壤	粉黄砂泥、黄胶泥

（续表）

土纲	土类	亚类	土属
铁铝土	红壤	黄红壤	铁铝质、硅铝质紫色岩、粗骨性砂泥、红胶泥
		红壤	
		棕红壤	
		耕种红壤	
	赤红壤	赤红壤	赤红壤
半水成土	草甸土	暗色草甸土	石灰性、无石灰性
		浅色草甸土	
		盐化草甸土	盐化、碱化
		高山草甸土	山缘地、山涧洼地扇缘
		河谷草甸土	湾地、冲积，古河道
		河滩草甸土	耕种
	潮土	黑潮土	涝洼地、河阶地
		灰潮土	涝洼地河阶地
		碱化潮土	退水草甸地
		盐化潮土	
水成土	沼泽土	沼泽土	山涧洼地
		草甸土	
		碱化沼泽土	旧河滩洼地
		泥炭沼泽土	老沼泽地
		腐殖质沼泽土	
	泥炭土	低位泥炭土	老山涧洼地或沼泽地
		中位泥炭土	
		高位泥炭土	退缩的湖盆地

（续表）

土纲	土类	亚类	土属
盐成土	盐土	湖盆盐土	湖盆边缘
		沼泽盐土	
		碱化盐土	湖盆旧址
	碱土	草甸碱土	石灰性母质凹地
		盐化碱土	湖盆边缘
人为土	菜园土	潴育水稻土	黄泥、黄红泥
		潜育水稻土	紫泥、青红泥
		渗水稻土	冷浸、青潮泥
		菜园土	淤积物
	灌潮土	灌潮土	淤积物
	垃圾土	城乡垃圾土	生活用品杂物
		旧矿山垃圾土	工艺废品垃圾

表1-6　1992年原农业部牵头中国科学院4所及9省（区）支援
西藏自治区土壤分类

土纲	土类	亚类	土属
高山土	冻高山土	高山寒漠土	高山寒漠土
	湿寒高山土	高山草甸土	原始高山草甸土
			高山草甸土
			高山草原草甸土
			高山温草甸土
			高山灌丛草甸土
		亚高山草甸土	亚高山草甸土
			亚高山林灌草甸土
			亚高山灌丛草甸土
			亚高山草原草甸土
			亚高山湿草甸土

（续表）

土纲	土类	亚类	土属
高山土	半湿寒高山土	高山草原土	高山草原土
			高山草甸草原土
			高山灌丛草原土
			高山荒漠草原土
			高山盐渍草原土
		亚高山草原土	亚高山草原土
			亚高山草甸草原土
			亚高山荒漠草原土
			亚高山盐渍草原土
			亚高山灌丛草原土
	半温暖寒高山土	山地灌丛草原土	山地灌丛草原土
			山地淋溶灌丛草原土
半温暖寒高山土	干寒高山土	高山漠土	高山漠土
		亚高山漠土	亚高山漠土
半淋溶土	半湿温半淋溶土	灰褐土	灰褐土
			淋溶灰褐土
			灰褐性土
	半湿暖温半淋溶土	褐土	褐土
			淋溶褐土
			石灰性褐土
			潮褐土
			褐土性土
淋溶土	湿暖温淋溶土	棕壤	棕壤
			酸性棕壤
			棕土表性土

（续表）

土纲	土类	亚类	土属
淋溶土	湿暖温淋溶土	暗棕壤	暗棕壤
			灰化暗棕壤
	湿寒温淋溶土	灰化土	灰化土
	湿暖淋溶土	黄棕壤	黄棕壤
铁铝土	湿暖铁铝土	黄壤	黄壤
	湿热铁铝土	红壤	黄红壤
		赤红壤	黄色赤红壤
		砖红壤	黄色砖红壤
半水成土	暗半水成土	草甸土	草甸土
			潜育草甸土
			盐化草甸土
			碱化草甸土
	淡半水成土	潮土	潮土
			湿潮土
			脱潮土
			盐化潮土
水成土	矿质水成土	沼泽土	沼泽土
			草甸沼泽土
			泥炭沼泽土
			盐化沼泽土
盐碱土	盐土	寒原盐土	寒原盐土
			寒原草甸土
			寒原碱化土
人为土	人为水成土	水稻土	淹育水稻土
			渗育水稻土
	灌耕土	灌淤土	灌淤土

（续表）

土纲	土类	亚类	土属
初育土	土质初育土	新积土	新积土
		风砂土	草甸风砂土
			草原风砂土
	石质初育土	石质土	石质土
		粗骨土	

1.3 土壤命名

　　土壤名称要能够反映土壤的基本性状及与之相关联的成土环境；为此，土壤命名除名称要具有科学内涵外，还应力求简单、明了和便于应用。

　　西藏的土壤命名，早期曾采用过李连杰发生学名称，其后何同康、刘朝瑞采用过生物景观命名，高以信、李明森也采用过藏语含义的具有地方色彩的名称。这些土类命名在不同时期起到了积极作用，但有些名称欠完善，缺少科学性和通俗性，需要不断修改、完善。

　　例如早期1954年李连杰采用"冰沼土""漠钙土"等发生学名称之后，1970年何同康、刘朝瑞采用"高山寒漠土""高山草原土""高山草甸土""灌丛草原土"等植被景观命名；20世纪80年代的卢跃曾有采用"莎嘎土""巴嘎土""阿嘎土"等具有藏语含义和明显地方特色的命名，同期还有关树森的"寒冻土""毡土""初育土""人为土""始成土"等形象命名；1985年高以信、李明森把卢跃曾、关树森的两命名结合起来提出了自己的命名方法，但土类名称"漠嘎土"等缺少通用性而只侧重反映了某一方面特性。

　　最终，依旧回到使用国土资源部的全国土壤系统分类统一命名法命名西藏土壤，该命名系统分土纲、亚纲、土类、亚类、土属、土种6级，土类仍以植被景观法命名，其名称分别是高山寒漠土、高山草原土、高山草甸土、亚高山漠土。这一命名系统具有通俗易懂等优点。

至于亚类则采用在土类名称前或中间加上反映成土发育阶段或附加成土作用的形容词或名词的方法予以命名。

土属命名采用成土母质的沉积类型或母岩性质连亚类名称的方法命名。

土种命名采用特征土层（土层厚度、土体质地、土体构型）连接土属的方法命名。

第二章

西藏土壤资源评价

西藏自治区面积辽阔,南北和东西向最宽分别为1 000 km和2 000 km左右,土地面积18亿亩以上,扣除冰川、水面、城镇等面积后土壤资源面积有17亿多亩,占自治区土地总面积的95.57%。目前,未利用土壤资源面积较大,仅无人区的土壤面积就高达24万亩以上,占总面积的14%。全区土壤类型众多,共分9个土纲、28个土类、67个亚类、362土属和2 230个土种,是全国土壤类型最多的省(区)之一。其中,地带性土壤不仅类型多,而且面积大。高山土纲就有亚高山草甸土、高山草甸土、山地灌丛草原土、亚高山草原土、高山草原土、亚高山漠土、高山漠土和高山寒漠土等4个土纲18个土类,面积159 842.73万亩,占土壤资源面积的92.55%(西藏自治区土地管理局,1994)。

西藏土壤的另一特点是土壤垂直地带分异明显,且以高寒土壤占优势。海拔5 000 m以上地带土壤面积80 285.8万亩,占全区的50.23%;海拔4 500~5 000 m地带土壤面积为54 498.62万亩,占全区的34.15%;海拔3 500~4 500 m的土壤面积13 163.91万亩,占全区总面积的8.24%;海拔3 500 m以下地带土壤面积为11 894.4万亩,占全区总面积的7.4%。

另外,西藏的土壤资源分布区域间不平衡,不同地区土壤面积差异大。例如拉萨市位于西藏自治区中部,土地总面积4 427.69万亩,约占全区总面积的2.45%;山南位于西藏自治区南部,面积

11 838.6万亩，占全区面积的6.5%；林芝、昌都位于西藏自治区的东南部，林芝17 178.34万亩，昌都16 301.41万亩，分别占全区面积的9.51%和9.02%；日喀则位于西藏自治区的西南部，面积2 701.76万亩，占全区面积的15.05%；那曲位于西藏自治区北部，面积约58 318.71万亩，占全区面积的32.82%；阿里位于西藏自治区西部，面积4 449.95万亩，占全区总面积的24.6%。

2.1 土壤的类型与分布

（1）耕地土壤　西藏自治区面积120万km²，占全国总面积960万km²的1/8，其中，耕地面积仅有680.57万亩，占全区土壤资源面积的0.39%，是我国土壤垦殖指数最低的省（区）之一。耕地土壤多集中分布在少数河流谷地上，例如雅鲁藏布江中下游干流河谷地及拉萨河、年楚河等支流谷地内的耕地面积约占55%，是西藏种植业生产的主要基地。

（2）林地土壤　西藏自治区有林地面积16 762.68万亩，占全区总面积的9.71%，但其中实际可控制区的林地面积仅有8 530万亩，占林地总面积的50.89%。

（3）草地土壤　草地指的是天然草地，该类土壤资源适于牧业利用，也是西藏面积最大、分布最广的土壤资源。全区草地土壤面积共有125 034.68万亩，占全区总面积的72.39%，居全国各省（区）之首。在西藏自治区范围内，以那曲和阿里地区的草地面积最大，分别占各地区总面积的39.92%和26.03%。

（4）难利用土壤　难利用土壤成土时间一般较短，地面植被覆盖度小于10%，目前暂无法利用。全区共有难利用土壤30 238.04万亩，占总面积的17.51%；这类土壤主要分布在海拔高、干旱程度大及坡面陡峻地带，土壤侵蚀严重，其中，阿里、那曲和日喀则地区的难利用土壤分别占各区面积的33.35%、21.51%和20.58%。

2.2　土壤质量

　　土壤质量直接影响着其利用价值，为此世界各国都花费大量资金组织专门机构和队伍进行土壤普查和土地资源调查，其核心任务是摸清土壤质量以为土壤资源的合理开发利用提供依据。

2.2.1　耕地土壤资源质量

2.2.1.1　影响因素

　　在所有土壤中以耕地土壤质量最为重要，价值最高，是宝贵的自然资源。西藏自治区现有耕地面积680.57万亩，仅占全区土壤总面积的0.39%，是人们优先关注、优先开展研究的土壤资源类型。加强对耕地土壤质量的调查和研究，对于发展西藏自治区种植业生产、提高全区农业生产水平具有重要的现实意义。

　　依照光温条件、土壤质地结构、养分含量、母质类型、土壤质量不同，西藏自治区耕地质量被划分为5个等级。

　　（1）光温条件　光照和温度决定着地面绿色植物的光合作用强度，影响土壤的养分有效速度和供肥能力，光温条件不同地区生产潜力也不相同。地带性土壤形成和分布与该地区一定的生物气象条件相联系，因而地带性土壤都具有不同的光温生产潜力。依照青稞、小麦在不同光温条件下的产量表现，可将西藏自治区光温因子人为地划分5个等级（表2-1）。

表2-1　光温因子的分级标准

光温因子	分级标准				
	一级	二级	三级	四级	五级
≥0℃积温（℃）	>2 400	2 400～2 000	2 000～1 600	1 600～1 200	<1 200

（续表）

光温因子	分级标准				
	一级	二级	三级	四级	五级
年日照时数 （hr）	>3 000	3 000～2 500	2 500～2 000	2 000～1 500	<1 500
光温潜力 （kg/亩）	>2 000	2 000～1 700	1 700～1 400	1 400～1 100	<1 100

（2）地形 地形直接影响土层厚度和土体构型，进而影响耕作管理水平，尤其是制约发展灌溉的条件。洪积扇或洪积台地往往有山沟水源存在，低阶地一般距河床水源较近；洪积—冲积阶地一般具有山沟水流和河流的双重水源，都有利于灌溉。坡耕地大都难以灌溉，并有频繁的水土流失发生。不同成土母质（地形不同），直接影响着土体质地构型。

（3）土体质地构型 土体质地构型一般指100 cm厚的土体内上、中、下3层的土壤质地和砾石含量的数量及其排列组合，质地构型直接影响耕作土壤的质量，根据其对作物根系生长的影响，重点考虑上、中两层（0～60 cm）土壤质地变化，并辅以考虑底层（60 cm以下）土壤质地变化，将土体质地构型划分为6个级别。

一级以均质壤土为主，是最佳土体质地的构型，在西藏约有191.11万亩，占全区土地总面积的28.1%。

二级以均质砂壤土为主，在土壤有机质含量高的情况下，仍属好的土体质地构型，全区约有136.11万亩，约占全区土地总面积的20%。

三级以均质砾泥土和残坡积母质的中、厚层壤土构型为主，没有明显的生产限制因素，全区约有452.9万亩，占全区土地总面积的46.5%。

四级以均质黏土和均质砂壤土体构型为主，有明显的生产限制因素，全区约有55.3万亩，占总面积的7%左右。

五级以残坡积母质的中厚砾泥土和洪冲积母质的均质泥砾土、砾体壤土构型为主，水土流失成为严重的生产限制因素，全区约有48.9万亩，占总面积的7.2%左右。

六级以洪积母质的均质砂土、砂体砂泥壤土、砾体砂壤土、石体砂壤土和残坡积母质的中层砂砾土、中层泥砾土、薄层砂黏土等土体构型为主，其砾石含量多为50%~70%或者以上，面积约106.76万亩，占总面积的15.7%左右。该土体质地构型是西藏自治区的严重生产限制因子，改进难度很大。

（4）土壤养分　土壤养分含量直接影响农作物的生育现状和生物产量。农作物生长所必需的氮、磷、钾等大量营养元素和铁、锰、铜、锌、钼、硼等微量营养元素绝大部分由土壤供应，所以依据土壤中营养元素含量常被人为地划分为上、中、下或高、中、低3个级别，划分标准如表2-2。

表2-2　土壤养分含量分级标准

养分级别	土壤有机质（%）	全氮（%）	速效磷（mg/kg）	速效钾（mg/kg）
低	<1.5	<0.1	10	<75
中	1.5~3.0	0.1~0.2	10~20	>75~150
高	>3.0	>0.2	>20	>150

综合其他因素，西藏自治区一级养分含量土壤面积173.24万亩，占总面积的25.5%；二级养分含量土壤面积169.78万亩，占总面积的24.9%；三级养分含量土壤面积167.16万亩，占总面积的24.6%；四级养分含量土壤面积170.39万亩，占总面积的25%。

2.2.1.2　耕地土壤障碍因子

耕地土壤是农作物生长、发育、形成产量的重要基础。土壤为农作物提供水分、养分，协调水、气、热关系，同时又是农作物生存的载体，因此与人的衣食供应关系密切。土壤基质由大小不同的固体颗粒排列构成，内部存在孔隙，孔隙内又有水分存在；土壤基质里还含有胶膜、结核、有机质颗粒，把固体颗粒黏结在一起形成土壤团聚体等结构体，这就是土壤结构构型。因此，土体构型不同，土壤的肥力不同，其上生长的农作物的产量也会差异很大。简单地说，土壤由固相、液相、气相三相物质组成，一般矿物质占38%、有机质占12%、空气和水分占50%左右。这些物质所占比例不同、存在形态不同，形成土壤肥力不同，可直接影响农作物生长、发育，最终决定产量的高低且差异极大。

西藏自治区农作物单位耕地面积产量相差巨大，当然，好的耕作土壤与中等和下等土壤相比上等土壤能更多地满足作物的生长需求罢了。就一般意义而言，西藏自治区耕地土壤的障碍因子可归纳为以下12个方面。

（1）缺少农作物需要的养分　主要由两方面原因造成，一是成土母岩无机养分少，土壤先天不足。例如花岗岩、砂岩含磷少，形成的土壤含磷量低，而含钾量高；而沉积岩含磷量相对较高，风化形成的土壤磷含量丰富；石灰岩含钙多，形成的土壤含钙多、质地细，但pH值高。二是后天补给不足，地越种越贫瘠。多数农区的农民重用轻养，连续多年种植高产农作物而不施肥或施肥很少，使土壤中原有的养分不断消耗致使作物产量随之下降，特别是种植高产作物需肥较多，土壤养分供不应求。这种养分补给不足型土壤面积较大、分布广。

（2）土层薄　耕作层约40 cm，个别仅20 cm，其下层就是砾石或砂石，不仅作物根系扎不下去、吸收不到水分和养分，农田作业也不方便。这种类型土壤主要分布在洪积扇、冲积扇的中上部和河流两岸冲积阶地上，土壤水分养分含量低，不耐干旱，作物亩产一般在50～100 kg，这类农田约占全区耕地总面积的1/5。

（3）砾石多 西藏自治区成土作用以物理风化作用为主，所以绝大多数耕地都含有数量不等的砾石，其中，土壤砾石含量在5%～10%的耕地占耕地总面积的40%左右，砾石含量在10%～20%的耕地约占耕地总面积的30%，砾石含量30%以上的耕地占耕地总面积的15%左右，而土壤没有砾石的耕地约占15%。耕地土壤砾石多不仅不便于农田作业，损坏农机具，又影响作物根系下扎和出苗，还由于砾石占据空间，影响土壤养分、水分的数量及正常运移，从而导致作物产量下降。一般砾石田块作物亩产在100～150 kg。

（4）土壤板结 土壤板结主要发生在质地中壤以下、掺有砾石或砂子的田块上；这类农田土壤有机质含量少，孔隙度低，容重和比重比较大，结构性差，通透性不良，平时板结干硬、易成大土块，易干旱，一旦跑墒往往无法耕作，干旱时无法松土、土壤坚硬无法下锄；湿时又泥泞无法正常作业。这样农田的作物产量一般在100～200 kg/亩。

（5）砂散 主要分布在河漫滩地上。砂土田土壤质地比较粗，砂粒粒径较大，结构松散，漏水漏肥，不抗旱；适耕适管性好，春播后早发苗，地温回升快；但遇到炎热和干旱天气烧苗严重，在作物生长后期易脱肥早衰。此类农田作物亩产量在100 kg左右（关树森，1995）。

（6）黏 土壤细粒成分多，质地较黏，黏着力大，干旱时凝聚成大土块，地面会出现许多纵深发展的裂缝，使作物根系外露、拉断或晒死；遇水时土块吸水慢，泥泞，透水透气性很差，在其上行走困难，耕作时黏附在附在农机具上，影响作业效率，影响田间管理而导致误农时、造成减产。此类农田一般农作物亩产量在100～150 kg。

（7）低洼　一种是地势低，一到雨季四周高处的水汇积在此，阶段性积水，淹没和浸泡庄稼；另一种是地下水位高，平时在表土以下30 cm左右出现潜育层，土壤湿度很大、较长时间处于嫌气条件，致使作物因根系缺氧腐烂而死，严重时影响作物生长甚至造成颗粒无收。该类农田一般亩产在50 kg左右。

（8）盐碱　地表平时有一层白色或灰白色的结皮，结皮含有大量碳酸钙、钠、镁盐类；该类土壤盐碱离子浓度高，抑制作物对水、肥等营养物质的吸收，毒害作物根系甚至引起作物根系腐烂，致使作物生长不良，叶子黄红，老苗僵苗，植株低矮，生育期生长缓慢，成熟期穗小，籽粒不饱满。此类农田亩产量一般在50~100 kg。

（9）土体构型不佳　在0~30 cm耕作层内有紧实的板结层、砂层、砾石层，或在30 cm以下有砾石层或砂子层，或者土壤通体都含大量砾石或砂子，漏水漏肥或阻水阻肥，阻碍作物根系下扎。

（10）水土流失　耕地地面坡度大，降水过程中或降水后，地表出现片状侵蚀和细沟侵蚀，引起山洪、河流下泄，造成雨季冲沟侵蚀、水土和养分流失，或淹没农田，将耕地细质的土壤部分迁移到别处而将粗质的砾石、砂残留下来。

（11）干旱　在区内年降水量400 mm左右地区若没有灌溉条件，4—7月多发生干旱，有时连续30 d不下雨或很少下雨，河水流量大幅度减少，在无法灌水的农田大片作物受旱生长受阻，进而造成低产、减产。这种农田农作物产量低而不稳。

（12）低温　海拔4 000 m以上山区年均温度在5℃以下。这些山区日温大于10℃的持续天数只有110 d左右，个别地方仅有60 d，大于10℃的积温只有1 200℃左右；严酷的温度条件限制了种植作物的种类和品种，也对农业操作提出了苛刻要求。这些农田常遭遇早期冰冻或晚期霜冻导致作物减产或绝收。

2.2.2 林地土壤资源质量

西藏自治区林地土壤主要有暗棕壤、棕壤、黄棕壤、黄壤、红壤、赤红壤、砖红壤、灰褐土等8个土类，均为中性至酸性。这8类土壤所在位置坡度较大，覆盖率低，除水热条件较好的藏东南有少量分布外，林地土壤集中分布在条件较差的喜马拉雅山脉南侧等山区。这类土壤分布区山高谷深，地势陡峻，土壤瘠薄，抗蚀力弱，坡面很不稳定，一旦植被砍伐，则会发生严重水土流失，迅速退化为光秃裸露的荒坡劣地。

2.2.3 牧草地土壤资源质量

西藏自治区草地质量均较差，尤其以日喀则、那曲、阿里地区面积最大、质量最差，其四级草地和五级草地分别占全区该级别草地的48.49%、32.37%、15.6%。而以昌都地区草地质量最佳，但数量较少，仅占全区草地面积的10%左右。

2.3 土壤资源利用现状

下文将以耕地土壤资源为主讨论西藏自治区土壤利用状况。西藏自治区耕地土壤利用类型可分为4种。西藏自治区实际控制区内有耕地523.4万亩，占全区实控土地面积的0.31%。耕地有水田、水浇地、一般旱地和菜地，其中水浇地又分保灌水浇地和可灌水浇地两种类型。

（1）水田　水田均有灌溉条件，面积约为16万亩，占耕地总面积0.3%，主要分布在山南等地。其中，山南地区有15.1万亩，林芝地区有1.6万亩。

（2）水浇地　水浇地面积居各类型耕地面积之首，全区共有383.5万亩。其中，保灌水浇地面积224.1万亩，占水浇地面积的58.45%，主要分布在日喀则、拉萨、山南地区，其耕地面积分别为105.9万亩、56万亩和40万亩。可灌地在各个地区均有分布，总面积159.4万亩，占水浇地面积的41.55%，其中，日喀则64.8万亩，山南36.3万亩，昌都29.5万亩，拉萨20.4万亩。

（3）一般旱地 全区共有一般旱地137.2万亩，占耕地总面积26.22%，仅次于可灌地面积。一般旱地主要分布在日喀则、昌都、林芝、那曲、拉萨等地，日喀则、昌都、林芝、那曲、拉萨的旱地面积分别为32.5万亩、69.4万亩、18.6万亩、8.6万亩和62万亩。

（4）菜地 面积最小，全区仅有1.1万亩，占耕地总面积的0.21%，且主要分布在拉萨、林芝、日喀则3地区。

全西藏各市耕地面积最大的是日喀则地区，有203.3万亩，占全区耕地总面积的38.84%，是西藏的粮仓，其次是昌都、拉萨、山南、林芝、那曲，面积分别是107.5万亩、83.3万亩、95.6万亩、38.7万亩和9万亩；耕地面积最少的是阿里，仅3.4万亩，占全区耕地面积的0.66%。

水浇地及其保灌水浇地面积均以日喀则地区最多，保灌水浇地面积居第二的是拉萨，可灌水浇地面积居第二位的是山南地区，那曲地区则没有保灌水浇地。一般旱地面积以昌都最大，为50.58万亩，占全区一般旱地面积半数以上；其次是日喀则地区，阿里没有一般旱地。菜地以拉萨市面积最多，占全区菜地总面积的62.89%；其次是林芝地区，阿里、昌都地区近年来在兄弟省（区）援助下开始有零星菜地（大棚或温室）出现。

耕地的分布、利用状况与其分布的地理位置关系比较密切，分布在海拔4 700 m以下的冲积、冲洪积、湖积平原及其复合类型和相对平缓山地耕地土壤，一般都是在水流堆积作用下形成的，因而土层厚，地势平坦，位于河谷或盆地底部，靠近水源，便于灌溉。

特别是海拔4 000 m以下的河谷和盆地，地势相对较低，热量条件好，是耕地集中分布地带。

  分布在高山和中低山坡耕地，一般成土母质由重力堆积、老冰积、坡积、洪积而成，故多有砂石混杂且砾石、砾砂数量多，且坡度大、水土流失严重，土层薄，距水源较远，很难保证灌溉用水。因此，这些地区耕地数量少，仅有的数量不多的耕地利用上存在较多困难。

  在海拔4 700 m以上地带，土壤很少用于农业，绝大部分是天然草地而被作为牧业用地和未利用地。海拔4 700 m以下和中低山坡地，因坡度较大而多被作为林业用地。

  草地土壤和林地土壤在此不做详细讨论。

第三章

西藏农用土壤研究

开垦为耕地的土地应具备的最基本条件是地势平坦，水、热、光照条件适宜，土层深厚，土壤相对肥沃且无过大的障碍因素。这些基本条件决定于地貌、地势、气候、土壤及水文等多种自然地理环境因子，靠人为力量很难或基本不能改变。从这个意义上说，土地（壤）资源只能顺应自然，利用好自然条件，改变可改造的因素使土地发挥最佳效益。

因此，这里所称土壤利用改良研究，仅限于研究如何适应自然环境条件，如何在有限范围内改变土壤性质和土体构型，科学合理地利用自然资源，不断提高农田土壤的生产力。

3.1 农业技术对生产力的贡献

在西藏这块古老的土地上自古就有人类活动，种植业已有数千年的历史。种植业历史可以追溯到建立吐蕃王朝的公元7世纪，但在漫长的奴隶制社会里农业生产的发展受到了严重制约。

1951年，西藏和平解放，社会经济进入新的发展阶段。1952年，全区人口114万人，耕地面积163万亩，粮食总产量15 276万kg，人均占有粮食134 kg。1956年，西藏自治区筹委会成立，国家发放贷款、种子和农具，为脆弱的种植业生产注入新的活力，提供了一定的物质保障，极大地推动了种植业的发展。1959年，人口增加至122.8万人，耕地面积扩大至251.44万亩，通过推行农业技术改造、引进拖拉机等农业机械、推广使用新式犁具、改撒播为条播、扩大水浇地等措施，当年粮食总产量提高到290 725 t，人均占有粮食236.7 kg，比1952年增加了159%。

此后，在全区范围内不断推广农业生产新技术、新措施，包括农田基本建设、兴修水利设施、因地制宜地坡地改梯田、引进优良作物品种、推广种植冬小麦等。至1978年，全区总耕地面积增加至341.4万亩，粮食总产提高到533 449 t，比1952年的15万t增加3倍多，当年有人口178.2万人，人均占有粮食299 kg。

1989年，全区耕地面积333.53万亩，粮食总产量为549 923 t；2000年耕地面积增至346.2万亩，粮食总产量962 234 t，人口251.23万，人均年粮食占有量383 kg。

进入21世纪后，西藏自治区农业生产进一步快速发展。2008年，全区耕地面积342.35万亩，粮食总产量938 634 t，人口273.59万，人均粮食占有量343 kg。

西藏自治区种植业发展的实践表明，农业技术的进步和普及使用，会带来耕地生产力大幅度提高。另外随着社会进步和经济发展，西藏自治区的城镇占地面积扩大、人口不断增多，虽然粮食产量增长，但地减人增给农业、给耕地资源利用带来了更大的压力，要增加粮食产量、满足不断增长的刚性粮食需求，最主要的途径是提高单位面积耕地的产量。因此，在西藏自治区开展科学研究，靠技术不断进步、改良和培肥土壤意义十分重大。

3.2　前期耕地土壤研究成果在农业生产中的作用

西藏自治区不同耕地的单位面积产量相差十分悬殊，低产农田亩产不足100 kg，高产农田曾经创造过超1 000 kg纪录（1998年山南地区贡嘎县、乃东县都有过亩产超过 1 000 kg 的地块）；导致巨大差距的直接原因就是土壤障碍的有无和肥力水平的高低。生产实践也证明，当找到土壤障碍因子并将其排除，耕地产量就会大幅度提高，效益明显增加，从而推动农业生产快速发展。和平解放后，在党和政府的关怀与帮助下，西藏自治区对农业的投入持续增加、支持力度不断加大，生产发展、经济效益大幅度提高，耕地单位面积产量较和平解放之初增长了10倍之多。

3.2.1 20世纪60年代的农田掺客土

1960—1961年，中国科学院西藏综合考察队对西藏中部进行重点土壤调查，初步明确了西藏的土壤类型，提出对多年连种青稞的发育于石灰岩的黏重土壤田块掺入发育于花岗岩的砂质土壤、在砂质土壤田块掺入黏质土壤的改良措施，以改善土壤物理结构。实践证明，这一措施明显地提高了青稞单位面积产量。

1965年，拉萨市七一农场干部下乡蹲点，在堆龙德庆县德庆区、达孜县羊达区开展改土增施有机肥、黏掺砂、砂掺黏试验。其中，达孜县羊达区试验点亩掺砂土20 m³，增施土杂类改良材料230 kg，结果亩增产青稞29 kg；堆龙德庆县德庆试验点在草甸土上增施草炭500 kg，人工掺黏土40 m³，青稞亩产量由原来的64 kg增加到78.5 kg，增产22.6%。农民尝到了改良土壤的甜头，后来这一技术逐年推广，面积不断扩大，至1970年拉萨市粮食单产已提高到100 kg以上，在原来的64 kg基础上增加了56%。

3.2.2 20世纪70年代的修建梯田

1972年，拉萨、山南、林芝、昌都等地全面开展"农业学大寨"活动，把5°～10°坡度的农田列入改造计划，市（区）水利局设计、测量、定桩、画线。拉萨修梯田500多亩；山南地区乃东、扎朗、贡嘎修梯田360亩；昌都坡地多，修造梯田700多亩；日喀则修梯田900多亩。坡田改水平梯田后，减少了水土流失，方便了田间作业，距水源近的地方修了水渠引水灌溉，使农田质量得到大幅度提高。

由于全面推广修造梯田和改土、改田、推广作物新品种，1973年，全区粮食总产增加，达到和平解放以来的最高水平373 605 t；1974年，全区粮食总产继续增加至432 518 t；1975年，粮食总产达445 827 t；1976年，再升至478 011 t；1977年，全区粮食总产突破50万t，达500 116 t。

3.2.3　20世纪80年代的增施有机肥改土

通过大面积改土培肥，改善农田土壤物理结构和土壤生态环境，提高了土壤供肥水能力，西藏自治区耕地单位面积产量逐年稳步地上升。其影响因素可能是多方面的，但首先应充分肯定土壤改良的贡献，土壤改良和培肥在若干增产因子中所起到的作用是显著的。

3.3　20世纪90年代土体构型改良提高农田土壤肥力研究

1979年，西藏自治区首次开展土壤普查，之后又进行了土地资源调查；在此过程中，挖了近千个土壤剖面，发现在同样海拔高度、同样气候的同一块农田，在相同的光照、降水、温度和相同田间管理、施肥水平的条件下，处于相同生育时期的同一作物的长势不同，最终产量也相差悬殊，其原因可能与土壤体型有关。由此开始了土体构型改良试验研究（图3-1至图3-3）。

图3-1 环境条件相同，土体构型不同的油菜与箭筈豌豆混播的
作物长势相差悬殊

图3-2 砾石底砾砂土体构型的油菜与箭筈豌豆混播的植株矮小又瘦弱、稀疏

图3-3 均质体砂泥土的油菜与箭筈豌豆混播的植株高、壮、旺盛且密

1990年，关树森向西藏自治区科学技术委员会提交了"三种不同土体构型施肥模数研究"课题申报书并获得批准，此后先后在自治区农科所四号地（冲、沉积母质，均质型）、七号地（冲洪积物，砾石体型）和六号地（冲积母质，心形土体）布置田间试验，开始了耕地土体构型初期研究。

3.3.1　土体构型的概念

从地面向下垂直开挖一定深度的断面即土壤剖面，用于土壤改良研究的剖面深度一般应超过100 cm，在其断面上会呈现某些水平层次，其颜色、质地、结构、微观形态以及孔隙、氧化铁膜、结核、微生物等差异明显。土壤断面（剖面）上排列分布着若干个质地、结构、有机质含量以及颜色等均不相同的层次而且层次的数目及其厚度、排列顺序等也不相同，这种土壤层次的组合形式就被称为土体构型（图3-4至图3-6）。

砾石体土壤　　　　　　　　　　均质体砂泥土壤

图3-4　从地表向下垂直方向挖100 cm深度的两个土体构型

图3-5　土壤剖面的断面上呈现水平层次现象

图3-6　土壤断面上呈现的层次、结构、排列、色彩、粗细质地为土体构型

　　土体的土层厚度、数目、排列顺序及特征土层为土体构型四大要素。考虑到农作物根系层深度，土体构型研究一般将土体厚度设

定为100 cm，划分为3层，即0～30 cm为上层，30～50 cm为中层，50～100 cm为下层。各土层又分为基本土层和特质土层，特质土层是指在某些特定成土过程或地质过程中形成的，在土壤分类上有特殊意义的土层。例如存在于地表的白色钙积层是地下水中富含的钙、钠、氯等离子被蒸发而向上运移的水分携带至地表，并在地表积累形成的，这样土层也叫诊断层，是划分钙质土、灰漠土、盐碱土的重要依据。基本土层是指土壤基本物质在堆积过程中发生粒度分异而形成的土层，是所有土壤都具备的土层；通常人们用肉眼可以看到的是由大小不等的固体颗粒组成，而固体颗粒中又包含着团聚体和腐熟半腐熟的动植物残体，它们是土壤的骨架，骨架间隙中含有水分、空气，这样固相、液相和气相共同组成土壤。由于成土作用不同，这些大小不等固相物质的比例不同，土层数量、厚度不同，组合顺序也不相同，也就是说土体构型影响着土壤孔隙数量、大小及其分配情况，从而影响着土壤与外界的水分、空气、养分、热量交换，影响着土壤中物质与能量的迁移转化，进而导致耕地土壤肥力、农作物生长和产量差异明显。

根据土壤普查土壤剖面资料，可将西藏自治区土体构型整理归成如下类型：按土壤颗粒分级，粒径>3 mm的为砾，代号为O；径0.05～3 mm的为砂，代号为S，图例为:::；粒纳0.05～0.005 mm的为泥（壤），代号为L，图例为llll；粒径<0.005 mm的为黏，代号为C，图例为三。

不包括Ca、砂姜※、结核潜育等特殊土层，共有4个粒级基本土层，这4个基本土层相互组合理论上可排列出256个土体构型，土体构型又可分5种类型，即均质型、心型、三段型、底型和体型，其主要部分土体示范如图3-7所示。这256个土体构型再与特质土层组合，可排列出1 024个土体构型。

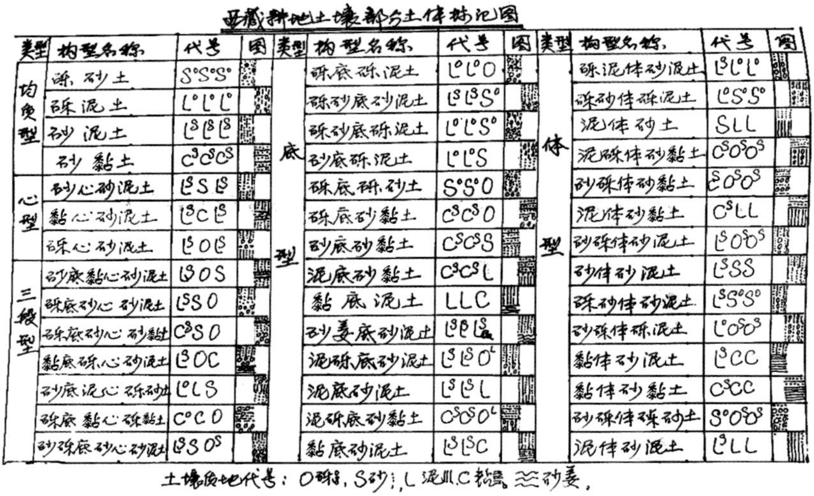

图3-7　西藏自治区部分土体标记特征

3.3.2　筛选土体构型试验

3.3.2.1　试验材料

在众多土体构型中选择紧心砂泥土、砾石体砂泥土、均质砂泥土3种代表类型，3种土体构型土壤养分状况属中等偏下，其主要养分状况如表3-1。供试肥料为含氮46%的尿素、含速效磷20%的三料过磷酸钙和含速效钾60%的氯化钾，供试作物为喜马拉雅六号春小麦。

表3-1　不同土体构型土壤养分状况

土类	pH值	有机质（%）	全氮（%）	全磷（%）	全钾（%）	碱解氮（mg/kg）	速效磷（mg/kg）	速效钾（mg/kg）
砾石体砂泥土	8.5	1.8	0.171	0.054	2.38	68	6	57
均质砂泥土	9.2	1.85	0.161	0.077	2.53	77	6.3	223
紧心砂泥土	8.7	1.45	0.15	0.066	2.33	70	10	50

3.3.2.2 试验处理

在上述3种不同土体构型的供试土壤田块开沟播种，一次性基施折合速效养分氮、磷、钾各为5 kg的化学肥料，作物生育期内人工除草2次，灌水3次，成熟后收割、脱粒、称产量。

3.3.2.3 筛选试验结果

在3种类型的土体构型中，以紧心砂泥土农田土壤的亩产量最高，也比较稳定，施化肥对其亩产量影响不大。每年不需要投入太多化肥，只要少许养分补充，就可以获得较好的收成（表3-2）。

表3-2 不同土体构型施肥试验结果

处理	土体类型	亩产量（kg）		亩增产（kg）		增产率（%）		平均增产（%）
		1990年	1991年	1990年	1991年	1990年	1991年	
空白对照	砾石体砂泥土	95.0	83.6					
	砂泥土	52.5	108					
	紧心砂泥土	148.0	237.0					
亩施氮5 kg	砾石体砂泥土	141.5	181.0	46.5	97.4	48.9	116.5	82.7
	砂泥土	61.6	160.0	9.1	52.0	9.6	48.1	28.9
	紧心砂泥土	216.8	288.0	68.8	51.0	46.5	21.5	34.0
亩施磷5 kg	砾石体砂泥土	105.8	248.6	10.8	16.5	11.4	199.0	105.2
	砂泥土	41.0	94.0	-14.0	-14.0	-12.9	-13.0	-13.0
	紧心砂泥土	137.5	235.8	-10.3	-1.2	-7.0	0.005	3.8

（续表）

处理	土体类型	亩产量（kg）		亩增产（kg）		增产率（%）		平均增产（%）
		1990年	1991年	1990年	1991年	1990年	1991年	
亩施钾5 kg	砾石体砂泥土	107.4	226.0	12.0	142.0	13.0	170.0	91.5
	砂泥土	38.5	92.4	-14.0	-15.6	-27.0	-14.4	-20.7
	紧心砂泥土	159.1	246.0	11.1	9.0	7.5	3.8	5.7

3.3.3 人为创制土体构型改造低产田试验

根据3种不同类型土体构型试验结果，设计并配制了高产稳产的紧心砂泥土土体构型（图3-8）。在西藏自治区五大类土体构型中选择代表面积最大和分布最广的3种类型土壤用人为配制土体构型的方法进行改良土壤试验，其试验材料如下。

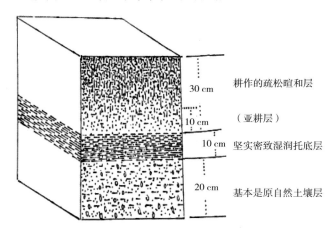

图3-8　模仿高产田设计和配制的土体构型示意

土壤：砾石体砾泥土（通体含砾石土）；底型砾石底砂泥土（漏水漏肥土）；均质型砂黏土、砂泥土（板结土）。

作物：冬小麦、春小麦、春青稞。

根据土壤的土体类型不同确定，共设10个处理，每一处理研究内容如下。

3.3.3.1　粗骨型低产田人为土体构型试验

粗骨型的砾石体、砾砂体、砾泥体低产田，设10个处理（含对照）。砾石体砾泥土发育和分布在西藏雅鲁藏布江、拉萨河、年楚河的冲积物一级阶地上，土壤的上中层段均为砂壤土，通体含砾石达50%左右，剖面中有石灰反应，pH值约8.2，由于多年耕作，耕作层砾石含量较下层减少；种植的作物主要为青稞、小麦，表层土壤疏松，作物根系较多，速效磷钾含量中等，作物亩产量为100～150 kg。试验主要针对粗骨性低产田，探讨排除砾石、改变土体构型、改善土壤结构、提高土壤有机质和养分含量的措施及其效果。共设10个处理（图3-9）。

图3-9　砾石体砾泥土，通过富含砾石粗骨型

（1）有机土体构型　亩施有机肥2 000 kg，均匀撒施在地表后耕翻30 cm，打垄播种冬小麦，不施化肥，人为制造0～30 cm厚度有机层。

（2）有机无机土体构型　亩施有机肥2 000 kg，有机肥均匀施后耕翻，耕翻深度30 cm，再亩施尿素15 kg，磷酸二铵10 kg，打垄播种，人为制造0～30 cm有机肥层和0～20 cm有机无机肥层。

（3）秸秆土体构型　秋收作物脱粒后，把秸秆切碎和脱粒产生的壳皮一起撒到田面，秸秆量约2 000 kg/亩，耕翻30 cm，灌水，翌年春播小麦。

（4）秸秆无机土体构型　施秸秆、壳皮后，耕翻30 cm，灌透水，翌年春播前亩施10 kg磷酸二铵，耕翻播种，苗期追施尿素5 kg/亩。

（5）筛石土体构型　秋收后耕翻40 cm，用孔径2 cm的铁筛筛出0～40 cm土层内的砾石并运出田外，平整地面后再补加土层至30 cm厚，浇透水，春季耕翻，播种春小麦。

（6）筛石有机土体构型　筛出砾石，亩施有机肥2 000 kg后耕翻打垄，播种春小麦。

（7）筛石有机无机土体构型　在筛石施有机肥基础上，亩施10 kg磷酸二铵、5 kg尿素，耕翻后播种春小麦。

（8）筛石秸秆土体构型　在筛石土体构型的基础上亩施秸秆肥2 000 kg，浇透水，耕翻后播种春小麦。

（9）筛石秸秆无机土体构型　在筛石秸秆土体构型基础上，亩施磷酸二铵10 kg、尿素5 kg后，耕翻播种春小麦。

（10）原型　砾石体砾泥土，不筛石，不施肥，春天机械播种春小麦，浇水，田间管理同前面9个处理相同。

3.3.3.2　均质型低产田（砂泥、砂黏、砾黏土）土体构型试验

设8个处理。均质型的低产田主要分布在冲积、冲洪积、淤

积、湖积、平缓山地的残积物上，土层深厚、地势平坦，以黏壤土、壤黏土、砂泥土、砾黏土为主，黏粒、壤粒含量较高，土体紧，易板结，块状结构。土层一般由耕作层、亚耕层、心土层、底土层组成，当地热量条件较好，距水源较近，多因农业设施、耕种措施、施肥不足等而成为低产田。针对这类低产田存在的土体紧实、通透性差、易结大块、板结等主要限制因素，试验设8个处理，探讨砂泥体、砂黏体、砾黏体低产田改造措施。

（1）生物土体构型　　主要是利用生物残体制作厚40 cm的耕作层，针对西藏当地麦类作物采取套、复种豆科绿肥的方法，在冬青稞、冬小麦、春小麦、春青稞6月开花后期至灌浆期，每亩播种10 kg箭筈豌豆种子；种子要用清水泡胀，掺混1 kg高秆油菜种子，拌均匀后撒播到青稞或小麦田内，随后灌透水。箭筈豌豆种子在湿润环境下很快生根发芽长大，当青稞、小麦7月底或8月初成熟时，箭筈豌豆已经长高至20～30 cm，留茬高20～30 cm收割青稞或小麦并及时运出田间（图3-10）。此后箭筈豌豆生长快速，

图3-10　撒播到冬青稞田内的箭筈豌豆在湿润条件下很快长高，冬青稞收割前生长到20 cm以上

株高可达1 m以上。待10月秋播前留茬高20～30 cm收割箭筈豌豆混油菜后进行青贮或晾晒干用做家畜饲料；随后再用拖拉机耕翻30～40 cm，马上灌透水，翻下去的箭筈豌豆、油菜、秸秆很快腐烂，在土壤墒情适宜时播种青稞或冬小麦，或翌年春播其他作物（图3-11至图3-14）。

图3-11　收割冬青稞时苗青稞茬高20 cm以上，箭筈豌豆不受伤害

图3-12　秋播前箭筈豌豆长高100 cm以上

图3-13　亩产箭筈豌豆6 000 kg以上，是优质的青贮饲料

图3-14　秋播前收割箭筈豌豆苗茬高20～30 cm，根茬耕翻到30～40 cm
压青，进行生物土体构型

（2）以无机促有机土体构型　先投入化肥，用无机化肥促进
提高农作物生物产量，再由生物产量转换成有机肥归还土壤肥田
的一种方法。播种前亩施磷酸二铵15 kg，在作物生长苗期再追施
10 kg尿素，正常田间管理。在秋收时留高茬20～30 cm，及时运出
田间，随后耕翻、灌透水，使翻压到0～40 cm土层中的秸秆腐烂成
有机肥，形成疏松绵软的耕作层，再正常施化肥播种，如此循环
（图3-15）。

图3-15　冬小麦田收割时留茬20～30 cm后耕翻，进行以无机促有土体构型

（3）有机土体构型　亩施优质有机肥2 000 kg，均匀撒施在地
表后耕翻，播种小麦或青稞。

（4）无机土体构型　亩施磷酸二铵15 kg，耕翻后再施尿素
15 kg，耙平打垄播种。

（5）有机无机土体构型　亩施优质有机肥2 000 kg，耕翻后撒施15 kg磷酸二铵，耙平，再亩撒施尿素15 kg，打垄播种。

（6）黏土掺砂土体构型　亩施细砂2 000 kg，均匀撒在地表，耕翻，播种。

（7）秸秆土体构型　亩施粉碎的秸秆或作物残碎枝叶、皮壳2 000 kg，均匀撒于地表，耕翻，灌水，待土壤墒情达适宜状态后播种。

（8）对照（原型）　不做任何处理，不采取任何措施，原地正常播种和进行常规田间管理。

3.3.3.3　底型低产田人为土体构型试验

底型（砾石底砂泥土）、心型（砂心砂泥土）漏型低产田土壤发育在洪积、冲洪积物上，主要分布在河流的支流宽谷冲、洪积平原。上层多为砂壤土，砾石较少，一般在8%左右，中层以下砾石、砂含量较高，通常达40%以上，通体无石灰反应，有少量锈纹、锈斑。该土体构型有较完整的耕作层、心土层和底土层结构，排水性好，但在干旱年份漏肥、漏水（图3-16），产量较低，常年亩产量在200 kg左右。该类型土壤类似的还有砂心、砾心、砂砾心型土体，三段型土体（除黏心）都属于漏型土体；该试验针对漏水漏肥问题，采取垫和掺的措施人为设置托水保肥的保持层进行试验，共设如下6个处理。

图3-16　砾石底砂泥土（漏肥漏雨）

（1）掺黏土土体构型　将黏土6 000 kg平铺到300 m²的砂砾泥土的低产田试验区田面，机耕30 cm深，撒施磷酸二铵10 kg/亩，耙平，打垄播种春小麦。

（2）垫黏土土体构型　在砾石底砂泥土试验田块开挖深40 cm、宽3 m、长100 m的土槽，开挖时先把0～20 cm表土取出集中堆放到一侧，把20～40 cm底土堆放在土槽的另一侧，再把6 000 kg黏土均匀铺垫在300 m²土槽的底面上，铺后黏土层厚约10 cm，整平、踏实后，先回填取出20～40 cm的底层土，整平，再回填0～20 cm表土。回填整平后灌水，使土层自然下沉，达到稳定状态后整平，待土壤墒情达适于播种时，撒施磷酸二铵10 kg，耕翻、打垄播种春小麦。

（3）有机土体构型　亩施优质有机肥2 000 kg，撒入300 m²的试验小区内，耕翻后撒施磷酸二铵10 kg/亩，打垄播种春小麦。

（4）秸秆土体构型　同有机土体构型一样，不同的是施用的不是有机肥而是秸秆。

（5）塑料土体构型　基本操作同垫黏土土体构型。把300 m²试验小区0～40 cm土层挖出后，把裁剪好的整块塑料布铺垫在40 cm深处，再依次回填挖出的40～20 cm底土和0～20 cm表层土，整平地面，灌水，使回填的土壤自然下沉。在土壤墒情达适宜状态时，施磷酸二铵10 kg/亩（折合成小区4.5 kg），播种春小麦。

（6）原型　未采取任何改良土壤措施的田块。播种前撒施磷酸二铵10 kg/亩（每一试验小区4.5 kg），耕翻，播种春小麦，正常田间管理。

3.3.4　人为土体构型研究方法

3.3.4.1　土壤分析方法

主要土壤理化性质及养分含量测定方法如下。

机械组成：采用比重计法；速效氮：碱解扩散法；速效磷：0.5 MNaHCO₃浸提—钼锑抗比色法；速效钾：1 NH₄OAC浸提—火焰光度法；有机质：油浴加热—$K_2Cr_2O_7$容量法；全氮：凯氏法；全磷：酸溶—钼锑抗比色法；全钾：NaOH熔融—火焰光度法；容重：环刀法；比重：比重瓶法；湿度：铝盒酒精燃烧法；温度：地温计法；水稳性团粒结构：水洗湿筛法。

3.3.4.2　粮食籽粒品质分析方法

测定项目及方法如下。

粗蛋白：半微量凯氏定氮法；粗脂肪：残余法；粗淀粉：《谷物籽粒粗淀粉测定法》（GB/T 5006—1985）；面筋：水洗法；粗纤维：《饲料中粗纤维测定方法》（GB/T 6434—1994）。

3.3.4.3　田间试验数据处理方法

上述试验用常规方法实施，定时、定期观察、调查、记载、汇总观测数据；再用常规方法列表和制图、计算、整理数据，通过分析、比较、总结形成结论。

3.3.5　人为土体构型改造低产田试验结果

3.3.5.1　砾石体型低产田

以砾石体砾泥土为例人为土体构型改良砾石体型低产田。

（1）试验数据　获得的试验数据如表3-3至表3-15。

表3-3　1993年试验土壤容重测定结果　　　　　单位：g/cm³

土体构型	0～5 cm		5～10 cm		10～15 cm		15～20 cm		平均幅度（%）
	测值	幅度（%）	测值	幅度（%）	测值	幅度（%）	测值	幅度（%）	
原土体构型	1.57		1.63		1.69		1.72		—

（续表）

土体构型	0～5 cm		5～10 cm		10～15 cm		15～20 cm		平均幅度（%）
	测值	幅度（%）	测值	幅度（%）	测值	幅度（%）	测值	幅度（%）	
有机土体构型	1.45	−8	1.61	−1	1.62	−4	1.62	−6	4.75
有机无机构型	1.56	−1	1.58	−3	1.65	−2	1.66	−3	2.25
秸秆土体构型	1.39	−13	1.23	−25	1.49	−12	1.53	−11	15.25
秸秆无机构型	1.54	−2	1.6	−1.8	1.68	−1	1.76	+2	0.7
筛石土体构型	1.51	−4	1.58	−3	1.67	−1	1.71	−1	2.25
筛石有机构型	1.46	−7	1.53	−6	1.62	−4	1.61	−6	5.75
筛石有机无机构型	1.54	−2	1.56	−4	1.6	−2	1.62	−6	3.5
筛石秸秆构型	1.53	−3	1.57	−3.7	1.6	−5	1.63	−5	4.18
筛石秸秆无机土体构型	1.47	−6.4	1.54	−5.5	1.64	−3	1.63	−5	4.98

表3-4 1993年砾石体砾泥土土壤比重试验结果　　　单位：g/cm³

土体构型	0～5 cm		5～10 cm		10～15 cm		15～20 cm		平均幅度（%）
	测值	增减（%）	测值	增减（%）	测值	增减（%）	测值	增减（%）	
原土体构型	2.67	—	2.66	—	2.67	—	2.73	—	—
有机土体构型	2.59	−3	2.58	−3	2.57	−4	2.61	−4	3.5
有机无机构型	2.58	−3.3	2.23	−16	2.24	−16	2.41	−12	11.83

（续表）

土体构型	0～5 cm		5～10 cm		10～15 cm		15～20 cm		平均幅度（%）
	测值	增减（%）	测值	增减（%）	测值	增减（%）	测值	增减（%）	
秸秆土体构型	2.57	-4	2.56	-4	2.61	-2.2	2.69	-1	2.8
秸秆有机无机构型	2.56	-4.1	2.57	-3	2.59	-3	2.7	-1	2.78
筛石土体构型	2.63	-1	2.64	-1	2.62	-1.9	2.63	-4	2
筛石有机构型	2.47	-7	2.49	-6.4	2.58	-3.4	2.58	-5	5.45
筛石有机无机构型	2.57	-4	2.57	-3.4	2.6	-2.6	2.73		2.5
筛石秸秆构型	2.67	-2.2	2.65	-0.4	2.64	-1	2.63	-4	1.9
筛石秸秆无机土体构型	2.62	-2	2.63	-1	2.65	-1	2.67	-2	1.5

表3-5　1993年砾石体砾泥土改良试验土壤毛管孔隙度结果　　　　单位：%

土体构型	0～5 cm		5～10 cm		10～15 cm		15～20 cm		平均幅度（%）
	测值	幅度（%）	测值	幅度（%）	测值	幅度（%）	测值	幅度（%）	
原土体构型	35.3		33		34.5		32.5		
有机土体构型	36.3	+3	33.2	+1	36.1	-12	26.5	-18.0	-6.5
有机无机构型	32.8	-7	33.2	-1	31.8	-10	30.4	-8.0	-6.5
秸秆土体构型	42.6	+21	40.5	+13	34.6	-13	33.9	+4.0	+6.25

（续表）

土体构型	0～5 cm		5～10 cm		10～15 cm		15～20 cm		平均幅度（%）
	测值	幅度（%）	测值	幅度（%）	测值	幅度（%）	测值	幅度（%）	
秸秆无机构型	31.8	-9.7	30.1	-7.9	30.6	-13	30.2	-7.0	-9.4
筛石土体构型	32.9	-7	37.1	+4.2	23	-33	27.4	-16.0	-12.95
筛石有机构型	3.11	-12	33.5	+1.6	33	-4	32.8	+5.0	-2.35
筛石有机无机构型	35.7	+1	33.1	+2	32.8	-5	30.8	-5.0	-2.25
筛石秸秆构型	36	+2	37.6	+5.6	34.7	+1	33.9	+4.0	+3.15
筛石秸秆无机土体构型	38.5	+9	35.1	+6.4	35.7	+15	35	-8.0	5.6

表3-6　砾石体砾泥土改良试验结果土壤非毛管孔隙度　　　　单位：%

土体构型	0～5 cm		5～10 cm		10～15 cm		15～20 cm		平均幅度（%）
	测值	幅度（%）	测值	幅度（%）	测值	幅度（%）	测值	幅度（%）	
原土体构型	3.9		3.1		2.2		1.5		
有机土体构型	9.8	151	10.9	252	10.1	359	8.7	480	310.0
有机无机构型	9	131	7.7	97	6.7	61	5.9	51	85.0
秸秆土体构型	4.1	5	11.4	268	10	355	1.8	0.2	157
秸秆无机构型	8	105	5.8	87	4.5	105	4.6	206	125.5
筛石土体构型	9.7	149	2.5	-19	15.6	609	7.6	407	286.5

（续表）

土体构型	0~5 cm		5~10 cm		10~15 cm		15~20 cm		平均幅度（%）
	测值	幅度（%）	测值	幅度（%）	测值	幅度（%）	测值	幅度（%）	
筛石有机土体构型	14.2	264	7.7	148	6.8	209	4.8	220	210.3
筛石有机无机构型	4.42	13	8.5	174	7.9	259	9.9	560	251.5
筛石秸秆构型	7.5	92	3.4	9.6	4.7	114	4.1	173	97.15
筛石秸秆无机土体构型	1.6	−59	6.7	72	2.4	6.7	4.0	167	60.2

表3-7　砾石体砾泥土0~20 cm土壤水稳性团粒结构度　　　单位：10 mm

土体构型	0~5 cm		5~10 cm		10~15 cm		15~20 cm		平均幅度（%）
	测值	幅度（%）	测值	幅度（%）	测值	幅度（%）	测值	幅度（%）	
土体原型	70.7		75		81.2		70		
有机土体构型	85.1	+20	94.3	25.6	46.7	−42	86.3	23	6.65
有机无机构型	74.8	+5.8	86.3	14.9	72.2	−11	67.8	−3.1	1.65
秸秆土体构型	80.2	+13.4	89.9	19.7	88.5	8.5	87.2	24.6	16.55
秸秆无机构型	75.3	+6.5	76.8	2.2	80	−1.4	88.8	26.9	8.55
筛石土体构型	89	+25.9	86.5	15.3	84.2	3.7	81	15.7	15.15
筛石有机土体构型	83.5	18.1	91.7	22	84.8	4.4	83.6	19.4	15.95
筛石有机无机构型	81.6	15.4	81.3	8.3	86.8	6.9	83	18.6	12.3

（续表）

土体构型	0~5 cm		5~10 cm		10~15 cm		15~20 cm		平均幅度（%）
	测值	幅度（%）	测值	幅度（%）	测值	幅度（%）	测值	幅度（%）	
筛石秸秆构型	80.3	13	84	11.9	73	−10	68.3	−2.4	3.13
筛石秸秆无机土体构型									

表3-8　砾石体砾泥土15~20 cm土壤水稳性团粒结构度

土体构型	>10 mm		7~10 mm		3~7 mm		1~3 mm		0.25~1 mm		平均幅度（%）
	测值	幅度（%）	测值	幅度（%）	测值	幅度（%）	测值	幅度（%）	测值	幅度（%）	
土体原型	70		7.8		1.8		1		0.4		
有机土体构型	86.3	23.3	6.9	−1.4	2.7	5.5	3.2	220	0.9	125	74.5
有机无机构型	67.8	−3.1	17.1	119.2	6.6	267	6.6	560	1.9	375	263.6
秸秆土体构型	87.2	24.6	6.9	−2.8	2.8	55.6	2.4	140	0.8	100	63.5
秸秆无机构型	88.8	26.9	6.4	−0.8	2.4	33.3	1.9	90	0.4		29.9
筛石土体构型	81	15.7	9.9	26.9	4.6	155	3.6	260	0.9	125	116.5
筛石有机土体构型	83.6	19.4	9.9	26.9	5.2	189	3.7	270	1.2	200	141.1
筛石有机无机构型	83	18.6	6.4	−8.6	2.9	61	1.5	50	0.4		24.2

（续表）

土体构型	>10 mm 测值	幅度(%)	7~10 mm 测值	幅度(%)	3~7 mm 测值	幅度(%)	1~3 mm 测值	幅度(%)	0.25~1 mm 测值	幅度(%)	平均幅度(%)
筛石秸秆构型	68.3	-2.4	18.8	14.1	7.2	300	4.8	380	0.8	100	183.7
筛石秸秆无机构型											

表3-9　砾石体砾泥土土体构型改良试验土壤含水量　　单位：%

土体构型	项目	0~5 cm	5~10 cm	10~15 cm	15~20 cm	20~25 cm	25~30 cm	30~35 cm	平均幅度(%)
土体原型	测值	8	11.1	13.4	13	13	12	12	
	变幅	—	—	—	—	—	—	—	—
有机土体构型	测值	9	14.4	16.3	15.4	15.4	15.8	14.8	
	变幅	0.5	29.7	21.6	18.5	10.8	31.7	23	19.4
有机无机构型	测值	5.8	13.6	13.3	14.9	14.9	13.6	13.1	
	变幅	-27.5	22.5	-0.7	14.6	14.6	13.3	9.2	6.6
秸秆土体构型	测值	8.8	8.8	13.4	15	17.7	13	12.8	
	变幅	10	-19.8		15.4	36.2	8.3	6.7	8.0
秸秆无机构型	测值	5.8	2.5	12.6	14.9	12.3	17.7	21.7	
	变幅	-48.8	-78.2	-5.9	14.6	-15.3	47.5	80.8	-0.8
筛石土体构型	测值	5.9	11.7	13.5	13.5	14.9	14.9	14.6	
	变幅	-26.3	5.4	0.8	3.9	14.6	24.2	21.7	6.3
筛石有机土体构型	测值	7.5	12.2	15.1	14.3	14.4	21.3	10.7	
	变幅	-6.3	9.9	12.7	10.0	10.8	77.3	-10.8	3.8

（续表）

土体构型	项目	0 ~ 5 cm	5 ~ 10 cm	10 ~ 15 cm	15 ~ 20 cm	20 ~ 25 cm	25 ~ 30 cm	30 ~ 35 cm	平均幅度（%）
筛石有机无机构型	测值	11.5	13.8	13.9	13.3	13.3	12.5	13.8	
	变幅	43.8	24.3	3.7	2.3	2.3	4.2	15。0	13.7
筛石秸秆构型	测值	7.5	16.2	14.8	14.2	13.9	12.5	13.6	
	变幅	-6.3	45.9	10.5	9.2	6.9	4.2	13.3	12.0
筛石秸秆无机构型	测值	10.5	14.0	14.2	15.4	13.1	12.2	13.4	
	变幅	31.3	26.1	5.9	18.5	0.8	1.7	11.7	13.7

表3-10　砾石体砾泥土土体构型改良试验土壤温度　　单位：℃

土体构型	5 ~ 10 cm		10 ~ 15 cm		15 ~ 20 cm		20 ~ 25 cm		平均幅度（%）
	测值	幅度（%）	测值	幅度（%）	测值	幅度（%）	测值	幅度（%）	
土体原型	27		25.2		23.5		21		
有机土体构型	26.5	-1.8	23	-8.7	21.5	-8.5	20.3	-3.3	-5.6
有机无机构型	26.1	-3.3	24	-4.8	22.5	-4.3	21.8	3.8	-6.4
秸秆土体构型	26	-13.9	24	-4.8	21.5	-8.5	20	-4.8	-8
秸秆无机土体构型	26.5	-1.9							
筛石土体构型	27		25	-0.8	22.5	-4.3	22	4.8	-0.08
筛石有机土体构型	26	-3.7	25	-0.8	22	-6.4	20.5	-2.4	-3.3
筛石有机无机构型	25	-7.4	23.5	-6.7	22	-6.4	20	-4.8	-6.3
筛石秸秆构型	25.5	-5.6	22.8	-9.5	21.5	-8.5	21		-5.9
筛石秸秆无机土体构型	25	-7.4	23.9	-5.3	22	-6.4	20	-4.8	-5.95

表3-11　砾石体砾泥土土体构型改良试验土壤有机质含量　　单位：%

土体构型	项目	0~5 cm	5~10 cm	10~15 cm	15~20 cm	20~25 cm	25~30 cm	30~35 cm	平均变幅（%）
土体原型	测值	1.59	1.69	1.12	1.01	1	1.05	1	
	变幅	—	—	—	—	—	—	—	
有机土体构型	测值	3.51	5.72	2.93	1.96	1.8	1.73	1.65	
	变幅	120.8	238.5	161.6	94.1	80	64.7	65	102.4
有机无机构型	测值	2.66	2.68	2.34	1.36	1.9	1.31	1.46	
	变幅	67.3	58.6	108.6	34.7	90	24.8	46	61.4
秸秆土体构型	测值	2.34	2.32	2.56	2.62	2.36	1.76	1.01	
	变幅	47	37.3	123.2	159.4	136	67.3	1.0	81.6
秸秆无机构型	测值	2.36	2.3	2.3	2.32	2.18	2.06	1.47	
	变幅	48.4	36.1	105.4	129.7	118	96.2	47.0	83.0
筛石土体构型	测值	2.63	2.33	2.16	1.55	1.15	1.15	1.15	
	变幅	65.4	37.9	92.9	53.5	15	9.5	15	41.3
筛石有机土体构型	测值	2.88	2.56	2.54	1.84	1.25	1.39	1.34	
	变幅	81.1	51.5	126.8	82.2	25	32.4	34	61.9
筛石有机无机构型	测值	2.23	2.88	2.82	2.14	2.93	104	0.89	
	变幅	30.4	70.4	151.8	111.9	193	−0.8	−1.1	79.4
筛石秸秆构型	测值	2.5	2.73	2.61	1.14	1.1	1.01	0.97	
	变幅	57.2	61.5	123.3	12.9	10.0	−3.8	−3.0	36.9
筛石秸秆无机构型	测值	2.20	2.47	2.21	1.42	1.39	1.05	1.1	
	变幅	38.4	46.2	97.3	40.6	39.0		10.0	38.29

表3-12　砾石体砾泥土土体构型改良试验土壤速效氮　　　单位：mg/kg，%

土体构型	项目	0 ~ 5 cm	5 ~ 10 cm	10 ~ 15 cm	15 ~ 20 cm	20 ~ 25 cm	25 ~ 30 cm	30 ~ 35 cm	平均变幅（%）
土体原型	测值	76	80	82	73	59	40	35	
	变幅	—	—	—	—	—	—	—	
有机土体构型	测值	137.1	195.3	113	71.5	67.1	76.1	64.1	
	变幅	80.4	144.1	37.8	−2.1	13.7	90.3	83.1	63.9
有机无机构型	测值	95.8	93.3	84.7	50.8	51.7	45	54.8	
	变幅	26.1	16.6	3.3	−30.4	−12.4	12.5	56.6	10.33
秸秆土体构型	测值	76.4	78.3	39.3	81.6	80.9	54.5	33.8	
	变幅	0.5	−2.1	−52.1	11.8	36.3	36.3	−4.9	3.69
秸秆无机构型	测值	76.4	62.5	70.5	72.4	68.1	57.0	42.2	
	变幅	0.5	−21.9	−14.0	−0.8	15.4	42.5	20.6	6.01
筛石土体构型	测值	95.2	94	85.3	69.3	50.8	40.0	50.8	
	变幅	25.3	17.5	4.0	−5.1	−13.9		45.1	10.4
筛石有机土体构型	测值	101.3	84.7	87.5	65.3	47.4	47.4	52.7	
	变幅	33.3	5.9	6.7	−10.5	−19.7	18.5	50.6	12.11
筛石有机无机构型	测值	79.5	96.1	92.7	76.7	70.5	39.5	35.4	
	变幅	4.6	20.1	13.1	5.1	19.5	−3.9	1.1	21.44
筛石秸秆构型	测值	94.9	87.2	86.9	67.8	53.9	34.8	36	
	变幅	24.9	9.0	7.0	−7.1	−8.6	−13.0	2.9	2.16
筛石秸秆无机构型	测值	77	88.4	72.4	67.5	53.6	53.4	60.1	
	变幅	1.3	10.5	−11.7	−7.5	−9.2	8.3	71.7	9.06

表3-13 砾石体砾泥土土体构型改良试验土壤速效磷含量　单位：mg/kg，%

土体构型	项目	0~5 cm	5~10 cm	10~15 cm	15~20 cm	20~25 cm	25~30 cm	30~35 cm	平均变幅（%）
土体原型	测值	7	10	10	8	7	5	2	
	变幅	—	—	—	—	—	—	—	
有机土体构型	测值	33	39	27	6.6	6	4	15	
	变幅	371.4	290	170	-2.5	-4.3	-20	650	207.8
有机无机构型	测值	15	16	12	4	5	7	5	
	变幅	114.3	60	20	-50	-28.6	28.6	150	42.06
秸秆土体构型	测值	13	9	13	31	16	9	6	
	变幅	85.7	-10	30	287.5	128.5	80	200	114.53
秸秆无机构型	测值	20	30	33	15	15	6	10	
	变幅	185.7	200	230	87.5	114.3	20	400	176.79
筛石土体构型	测值	13	11	11	8	8	6	3	
	变幅	85.7	10	10		14	20	50	27
筛石有机土体构型	测值	7	12	16	7	6	6	7	
	变幅		20	60	-12.5	-4.3	20	250	47.6
筛石有机无机构型	测值	22	59	53	7	3	2	3	
	变幅	214.3	490	450	-12.5	-57.5	-60	50	154.9
筛石秸秆构型	测值	33	35	29	6	3	3	4	
	变幅	371.4	250	190	-2.5	-57.5	-40	100	115.76
筛石秸秆无机构型	测值	35	37	34	6		3	1	
	变幅	400	270	240	-2.5		-40	-50	113.6

表3-14 砾石体砾泥土土体构型改良试验土壤速效钾含量　单位：mg/kg，%

土体构型	项目	0~5 cm	5~10 cm	10~15 cm	15~20 cm	20~25 cm	25~30 cm	30~35 cm	平均变幅（%）
土体原型	测值	100	150	115	105	98	75	50	
	变幅	—	—	—	—	—	—	—	

（续表）

土体构型	项目	0 ~ 5 cm	5 ~ 10 cm	10 ~ 15 cm	15 ~ 20 cm	20 ~ 25 cm	25 ~ 30 cm	30 ~ 35 cm	平均变幅（%）
有机土体构型	测值	85	215	375	258	105	145	120	
	变幅	−15	43.5	226.1	145.7	7.1	93.3	140	91.53
有机无机构型	测值	250	198	168	135	102	98	95	
	变幅	150	32	46.1	28.6	4.1	30.7	90	54.5
秸秆土体构型	测值	185	155	195	355	305	222	170	
	变幅	85	3.3	69.6	238.1	211.2	196	240	148.89
秸秆无机构型	测值	142	150	155	172	160	128	130	
	变幅	42		34.8	63.8	63.3	70.7	160	62.09
筛石土体构型	测值	200	235	198	112	90	80	20	
	变幅	100	56.7	72.2	6.7	−8.2	6.7	40	131.09
筛石有机土体构型	测值	158	155	205	142	105	92	95	
	变幅	58	3.3	78.3	35.2	7.1	22.7	90	42.09
筛石有机无机构型	测值	178	336	255	156	125	128	122	
	变幅	78	124	121.7	42.8	27.6	70.7	144	86.9
筛石秸秆构型	测值	390	400	345	205	185	160	145	
	变幅	290	206.1	200	95.2	88.8	113.3	190	169.06
筛石秸秆无机构型	测值	315	365	282	185	150	162	160	
	变幅	215	149.3	145.2	76.2	53.1	116	220	138.4

表3-15　砾石体砾泥土土体构型改良试验小麦生育性状及亩产量

土体构型	项目	亩株数（万）	株高（cm）	穗长（cm）	穗粒数（粒）	千粒重（g）	亩产量（kg/亩）	亩秸秆（kg/亩）	增收（元）	收入/投入
土体原型	测值	9.5	45.6	4.3	25.6	44	148.5	150		
	变幅	—	—	—	—	—	—	—	—	—

（续表）

土体构型	项目	亩株数（万）	株高（cm）	穗长（cm）	穗粒数（粒）	千粒重（g）	亩产量（kg/亩）	亩秸秆（kg/亩）	增收（元）	收入/投入
有机土体构型	测值	13.4	60.2	5.4	35.9	45.4	177.5	207.5	42.77	12.77
	变幅	41	32	25.6	40	2.3	19.9	38.3		
有机无机构型	测值	16.7	81.6	5.9	33.2	48.1	25.1	342	147.05	57.05
	变幅	75.8	83.6	37.2	29.7	8.3	69	128		
秸秆土体构型	测值	14.4	63.5	5.1	29.8	45.3	216	258.5	93.78	63.78
	变幅	51.6	39	18.6	16.8	2	45.8	72		
秸秆无机构型	测值	13.8	67	6.4	26.6	47.1	233	299.5	119.48	29.47
	变幅	46	46.9	48.8	3.3	6	56.9	99.7		
筛石土体构型	测值	15.9	55.3	4.9	28.6	37.1	180.5	200.5	44.02	−156.02
	变幅	67	21	13.9	11.7	−16	21.5	33.7		
筛石有机土体构型	测值	15.8	55.4	5	30.3	44.5	201	236	22.85	−211.15
	变幅	66	24	16.3	17.2	0.2	35.4	57		
筛石有机无机构型	测值	16.8	67	5.7	36.7	44.7	245.5	296.5	132.12	−157.18
	变幅	76.8	46.9	32.6	4.3	0.6	65	97.7		
筛石秸秆构型	测值	18.9	60.2	4.97	32	41.9	233	293	118.33	−117.67
	变幅	97.7	32	13.9	25	−5.6	57	75.3		
筛石秸秆无机构型	测值	15.9	55.3	5.7	34	40.6	208	299.5	93	−117
	变幅	67.4	21	32.6	32.6	−8.6	40	99.7		

（2）试验结果　砾石体砾泥土土体构型试验结果数据表明，人为土体构型能明显改变低产田土壤理化性质，较好地提高土壤肥力，最终增加农作物产量。

改变土体构型可降低土壤容重，其中，秸秆土体构型、有机土体构型降低幅度最大，达到4%以上，土壤比重降低幅度在

2% ~ 11.83%，仍以有机土体构型和秸秆构型降低幅度比较大；而单独的筛石土体构型有降低作用，但降低幅度相对较小，仅为1%。

人为土体构型改良后土壤毛管孔隙度普遍下降，降幅在1.75% ~ 9.25%；各土体构型中以有机土体构型与秸秆土体构型效果突出，其非毛管孔隙度均增加幅度达60%以上，多数增加1倍以上，有机土体构型、筛石土体构型、秸秆土体构型土壤非毛管孔隙度增加2倍以上，土体的通透性大幅提高。

砾石体砾泥土改良后土体构型土壤水稳性团结构度普遍增加，其中以有机土体构型、秸秆土体构型和筛石土体构型0 ~ 20 cm土层土壤水稳性团粒结构度增加幅度最大，有机土体构型和秸秆土体构型增加6% ~ 16%，粒径0.25 ~ 10 mm的水稳性团粒数量增加最多，比改良前超过1倍以上，达180% ~ 236.7%。

由于人为配制土体构型改善土壤物理结构，降低了土壤容重、比重和毛管孔隙数量，增加了非毛管孔隙度和土壤内水稳性团粒结构度，使土壤含水量普遍增加，增加幅度达5.8% ~ 21%（质量%）。其中，以有机土体构型和秸秆土体构型土壤含水量增加幅度最大，达21.1%，筛石后施有机肥和秸秆肥构型平均增加13%以上。砾石体砾泥土土体构型在增加土壤含水量的同时降低了土壤温度，其温度降低仍以有机土体构型、秸秆土体构型和筛石土体构型幅度最大。

土体构型对砾石体砾泥土的土壤容重、比重、毛管孔隙度、非毛管孔隙度、0 ~ 20 cm土层粒径0.25 ~ 10 μm水稳性团粒结构度、含水量、温度等物理性质改变，水、气、热运行状态不同，从而使土壤化学性状也发生了改变。

首先，人工配制土体构型砾石体砾泥土后大幅提高了土壤有机质含量，最低提高了21%，最高的有机土体构型提高1倍以上，秸秆土体构型提高80%以上，其他的人为土体构型也都提高40%以上，相应地，土壤中速效氮含量大幅度增加，一般都在8%以上，其中人为地有机土体构型提高幅度最大，高达60%，其次是人工秸秆土体构型，提高2%以上，砾石体砾泥土的有机质、速效氮含量均提高了许多。人工配制土体构型不仅通过改善土壤物理性状而改变土壤有机质和速效氮含量，而且砾石体砾泥土速效磷和速效钾含量升高，化学活性增加（图3-17、图3-18）。

从试验结果可以看出，人工配制土体构型能大幅增加土壤速效磷的含量，增加幅度最小的也达到了27%，多数增加1倍以上，个别的增加2倍以上。在各土体构型中以秸秆构型速效磷含量增加幅度较大。

人工配制秸秆土体构型砾石体砾泥土土壤的速效钾含量增加极为显著；在各处理中添加秸秆的其增加幅度达到148%、169%、138%和93%，使原来缺乏速效养分的状况得到了缓解，原来缺少养分的低产田提升至了中产田。

如上所述，人工配制土体构型砾石体砾泥土的物理性状首先得到改善，进而导致土壤化学性状发生改变，土壤物理化学性状以及养分含量变化影响了作物生育性状及产量；各处理的作物长势指标及产量数据列于表。土壤物理性状的改变改善了小麦的生育性状及产量。凡是人为改良了土体构型的处理都增加了小麦亩株数，一般比对照增加40%以上，其中，在筛石土体构型基础上的各处理都增加60%以上；与此同时，各处理普遍增加了小麦的株高和穗长，株高增加20%以上，穗长增加16%以上，而施用化肥的处理小麦株高增加了40%~80%，穗长增加32%以上；另外，穗粒数也得到了不同程度增加，各处理中增加最少的增加了3.3%，最多的增加43%，有机土体构型、有机无机土体构型增加分别为40%和43%，千粒重相应也得到了增加。

图3-17　砾石体砾泥土原型春青稞　　图3-18　砾石体砾泥土经人为筛石土
　　　　亩株数9.5万株　　　　　　　　　　　体构型措施后，春青稞亩株数13.3万
　　　　　　　　　　　　　　　　　　　　　株，比原型增多40%，苗齐苗壮

　　人为土体构型改变了砾石体砾泥土的理化性状，改善了小麦生长条件，致使小麦的生物产量提高、效益增加。

　　改良土体构型的效果明显，各人为土体构型均大幅度增产，其中，有机土体构型和秸秆土体构型投入成本较少，粮食和秸秆产量增加，分别增加40%和70%～90%；筛石土体构型粮食、秸秆分别增产21.5%、33.7%。从粮食和秸秆产量看，仍以有机无机结合土体构型效果最好，有机无机结合土体构型各处理粮食增产65%～69%、秸秆增加97.7%～128%。就净收入这一指标比较，投入有机肥和秸秆、植物残体处理收益基本都有增加，且幅度较大，而且小麦产量与化肥投入呈正相关，化肥施用得越多、获得的收益也越多，而人为机械施工筛石各处理成本核算结果都是亏损的。

　　（3）砾石体砾泥土土体构型试验结论　　如上所述，9个人为土体构型均能降低土壤容重、比重，增加非毛管孔隙度，增加水稳性团粒数量，增加土壤含水量、降低土壤温度，结果不仅改善了土体内水、肥、气、热等物理状况，还大幅度增加了土壤有机质、速效氮、速效磷、速效钾等有效养分含量，提高了土壤贮肥和供肥能力。其中，以增施农家有机肥和秸秆还田措施的投入成本最低，即在有机肥、秸秆肥基础上再补施化学肥料这种有机与无机相结合措施增产增收效果最好（图3-19）。

从小麦亩产量看，所有人为土体构型均能不同程度地增产，其中以有机与无机相结合构型增产幅度最高，而单独人工筛除砾石构型增产幅度较小，说明砾石体砾泥土的主要障碍因子不是砾石含量。

从经济效益看，砾石体砾泥土增施有机肥、秸秆肥投入最小，在施有机肥或秸秆肥基础上再施化肥投入较大，而人工筛除砾石的投入最大。从净收入看，投入最大的与收益相抵还有亏损，但若干年后可能会有正收益；有机肥与化肥结合投入较大，增产幅度大，收益也最高，而单施有机肥或秸秆肥投入不多，收益也不多。

图3-19　人工筛出砾石体砾泥土中砾石并运出田以外

从发展角度看，单靠有机肥或秸秆肥很难大幅度提高农田粮食产量，而在施用一定数量有机肥基础上再施化肥是大幅度快速增产的有效措施。人工筛除砾石体砾泥土土体内砾石的措施近几年内收不回投入成本，农田增产不增收，还影响农业生产的资金链的循环，为此这一措施不宜提倡，而应推荐使用增施有机肥、秸秆肥和科学地配施化肥改土培肥措施。

3.3.5.2 砾石底低产田

以砾石底砂泥土土体构型进行改良。

（1）试验数据　试验数据见表3-16至表3-24。

表3-16　不同土层深度砾石底砂泥土土体构型土壤容重

土体构型	项目	0～5 cm	5～10 cm	10～15 cm	15～20 cm	20～25 cm	25～30 cm	30～35 cm	平均变幅（%）
土体原型	测值	1.59	1.53	1.54	1.55	1.6	1.68	1.64	
	变幅	—	—	—	—	—	—	—	—
掺黏土构型	测值	1.53	1.53	1.48	1.45	1.48	1.46	1.57	
	变幅	−3.7		−3.8	−6.5	−7.5	−13	−4.3	−5.5
垫黏土构型	测值	1.48	1.44	1.46	1.54	1.37	1.41	1.59	
	变幅	−6.9	−5.5	−5.2	−0.6	−14.3	−16	−3	−7.4
有机土体构型	测值	1.13	1.32	1.42	1.31	1.47	1.38	1.39	
	变幅	−28.9	−13.7	−7.7	−15.5	−8.1	−19.9	−15.2	−15.6
秸秆土体构型	测值	1.17	1.41	1.4	1.4	1.29	1.32	1.37	
	变幅	−26.2	−7.8	−9	−9.7	−19.4	−21.1	−16.5	−15.7
塑料土体构型	测值	1.33	1.38	1.45	1.45	1.54	1.54	1.56	
	变幅	−16.4	−9.8	−5.8	−6.5	−5.6	−8.3	−4.9	−8.2

表3-17　人为土体构型对砾石底砂泥土孔隙度影响　　　单位：%

土体构型	项目	0～5 cm	5～10 cm	10～15 cm	15～20 cm	20～25 cm	25～30 cm	30～35 cm	平均变幅（%）
土体原型	测值	37	38	37	37	37	35	35	
	变幅	—	—	—	—	—	—	—	—
掺黏土体构型	测值	37	38	38	46	37	46	38	
	变幅			2.7	24.3		31.4	8.5	9.6

（续表）

土体构型	项目	0 ~ 5 cm	5 ~ 10 cm	10 ~ 15 cm	15 ~ 20 cm	20 ~ 25 cm	25 ~ 30 cm	30 ~ 35 cm	平均变幅（%）
垫黏土构型	测值	37	48	35	38	38	44	44	
	变幅		26.3	−5.4	2.7	2.7	25.7	25.7	11.1
有机土体构型	测值	48	47.7	48	48	47	47	43	
	变幅	29.7	23.7	29.7	29.7	27	34.3	22.9	29.1
秸秆土体构型	测值	55	48	45	47	51	48	38	
	变幅	48.6	26.3	21.6	27	37.8	37	8.5	29.5
塑料土体构型	测值	38	39	49	38	38	34	30	
	变幅	2.7	2.6	32.4	2.7	2.7	2.8	−14.3	8.6

表3-18　土体构型对砾石底砂泥土含水量影响　　　单位：%

土体构型	项目	0 ~ 5 cm	5 ~ 10 cm	10 ~ 15 cm	15 ~ 20 cm	20 ~ 25 cm	25 ~ 30 cm	30 ~ 35 cm	平均变幅（%）
土体原型	测值	11.7	12.2	12.3	13.3	16	17	18	
	变幅	—	—	—	—	—	—	—	—
掺黏土构型	测值	13.1	12.4	12.1	13.1	14.2	14.4	11.1	
	变幅	11.9	1.6	−0.8	−1.5	−11.2	−15.3	−43.9	−8.5
垫黏土构型	测值	18.5	19.6	16.2	15.9	17.7	18.4	17.4	
	变幅	58.1	60.7	32.8	19.5	10.6	5.9	−3.3	26.3
有机土体构型	测值	11.9	12.5	12.6	14.2	17.3	18.9	18.4	
	变幅	1.7	2.5	3.2	6.8	8.1	11.2	2.2	5.1
秸秆土体构型	测值	11	15.6	16.2	19.2	20.8	18.7	18.6	
	变幅	−5.9	27.9	32.8	44.4	30	10	3.3	20.4
塑料土体构型	测值	6.2	5.2	6.8	16.1	15.8	16.5	15.3	
	变幅	−49	−57.4	−44.3	21	−1.3	−2.9	−15	−22.6

表3-19　土体构型对砾石底砂泥土不同土层温度的影响　　单位：℃

土体构型	项目	0~5 cm	5~10 cm	10~15 cm	15~20 cm	20~25 cm	25~30 cm	30~35 cm	平均变幅（%）
土体原型	测值		24	20	18.6	19.3	17		
	变幅	—	—	—	—	—	—	—	—
掺黏土构型	测值		22.5	22	20.3	19	18.5		
	变幅		−6.3	10	9.1	−1.5	8.8		2.87
垫黏土构型	测值		24.5	22.5	20.5	19	18		
	变幅		+2	12.2	10	−1.6	5.9		4.1
有机土体构型	测值		21.8	20.6	19	18	16.8		
	变幅		−9.2	3	2.1	−6.7	−11.8		−3.2
秸秆土体构型	测值		21	21.3	19.8	18.5	17.7		
	变幅		−12.5	6.5	6.5	−4.1	4.1		0.11
塑料土体构型	测值		24	22.5	21.5	18.2	17.5		
	变幅			12.5	15.6	−5.7	2.9		3.6

表3-20　土体构型对砾石底砂泥土不同土层的有机质含量影响　　单位：%

土体构型	项目	0~5 cm	5~10 cm	10~15 cm	15~20 cm	20~25 cm	25~30 cm	30~35 cm	平均变幅（%）
土体原型	测值	1.42	1.69	1.16	0.82	1.06	0.62	0.52	
	变幅	—	—	—	—	—	—	—	—
掺黏土土体构型	测值	1.61	1.8	1.62	1.56	1.5	1.45	1.22	
	变幅	13.4	6.5	39.7	90.2	41.5	138.7	134.6	66.37
垫黏土土体构型	测值	1.94	1.59	1.58	1.46	1.48	1.41	0.86	
	变幅	36.6	−5.9	36.2	78	39.6	127.4	65.4	53.9
有机土体构型	测值	2.96	2.62	1.52	1.52	1.62	1.66	1.4	
	变幅	108.5	55	31	85.4	52.8	167.7	173	96.2

（续表）

土体构型	项目	0~5 cm	5~10 cm	10~15 cm	15~20 cm	20~25 cm	25~30 cm	30~35 cm	平均变幅（%）
秸秆土体构型	测值	1.71	1.69	1.63	1.39	1	0.88	0.7	
	变幅	20.4		40.5	69.5	−5.6	41.9	34.6	28.7
塑料土体构型	测值	1.78	1.72	1.78	1.48	0.85	0.68	0.52	
	变幅	25.4	1.2	53.4	80	−10	9.6		22.8

表3-21　土体构型对砾石底砂泥土不同土层速效氮含量的影响

单位：mg/kg，%

土体构型	项目	0~5 cm	5~10 cm	10~15 cm	15~20 cm	20~25 cm	25~30 cm	30~35 cm	平均变幅（%）
土体原型	测值	54.8	53.9	40	24	26	15.4	18.2	
	变幅	—	—	—	—	—	—	—	—
掺黏土构型	测值	53.9	57	55.7	51.1	51.4	41.6	41.6	
	变幅	−1.6	5.7	39.3	12.9	97.4	170	128.6	64.6
垫黏土构型	测值	76.4	58.5	53.9	55.7	56.4	50.2	25.9	
	变幅	39.4	8.5	34.8	132	116.9	226	42.3	85.7
有机土体构型	测值	99.2	87.7	57	49.6	51.7	57	57	
	变幅	81	62.9	42	106.7	99	270	213	124.9
秸秆土体构型	测值	60.1	57.3	60.4	51.4	39.1	37	20	
	变幅	9.6	6.3	51	114	50.4	140	9.9	66.83
塑料土体构型	测值	62.8	49.3	57.9	50.8	38.5	23.1	16.9	
	变幅	14.6	−8.5	44.7	111.7	48	50	−7	35.97

表3-22 土体构型对砾石底砂泥土不同土层速效磷含量的影响

单位：mg/kg，%

土体构型	项目	0 ~ 5 cm	5 ~ 10 cm	10 ~ 15 cm	15 ~ 20 cm	20 ~ 25 cm	25 ~ 30 cm	30 ~ 35 cm	平均变幅（%）
土体原型	测值	16	12	2	3	2	1	1	
	变幅	—	—	—	—	—	—	—	—
掺黏土土体构型	测值	14	19	9	6	3	3	3	
	变幅	-12.5	58.2	350	100	50	200	200	135.1
垫黏土土体构型	测值	21	24	20	10	6	4	2	
	变幅	31.2	100	900	333	200	300	100	280.6
有机土体构型	测值	43	22	9	4	1	1	1	
	变幅	164	83	350	33	-100			25.7
秸秆土体构型	测值	34	14	2	1	1	1	1	
	变幅	112.5	16.7		-200	-100			-24.4
塑料土体构型	测值	47	6	5	2	1	1	2	
	变幅	193	-100	150	-50	-100		100	27.6

表3-23 土体构型对砾石底砂泥土不同土层速效钾含量的影响

单位：mg/kg，%

土体构型	项目	0 ~ 5 cm	5 ~ 10 cm	10 ~ 15 cm	15 ~ 20 cm	20 ~ 25 cm	25 ~ 30 cm	30 ~ 35 cm	平均变幅（%）
土体原型	测值	125	100	65	42	58	55	75	
	变幅	—	—	—	—	—	—	—	—
掺黏土土体构型	测值	50	95	108	108	75	68	75	
	变幅	-60	-5	66	157	29.3	23.6		30.1
垫黏土土体构型	测值	128	170	105	175	150	98	105	
	变幅	2.4	70	61.5	316.7	158	78	40	103.8
有机土体构型	测值	105	288	218	150	118	105	105	
	变幅	-16	188	235	257	103	96	40	129

（续表）

土体构型	项目	0~5 cm	5~10 cm	10~15 cm	15~20 cm	20~25 cm	25~30 cm	30~35 cm	平均变幅（%）
秸秆土体构型	测值	88	175	105	85	75	65	52	
	变幅	-29.6	35	61.5	102	29.3	18	-30	26.6
塑料土体构型	测值	115	102	118	100	86	78	65	
	变幅	8	2	81	138	49	41	-13	43.7

表3-24　砾石底砂泥土土体构型对小麦产量的影响

土体构型	项目	亩株数（株/亩）	株高（cm）	穗长（cm）	穗粒数（粒）	千粒重（g）	籽实产量（kg/亩）	秸秆产量（kg/亩）	增收（元/亩）
土体原型	测值	11.3	52.3	4.7	22.7	43	153	176	
	变幅	—	—	—	—	—	—	—	—
掺黏土土体构型	测值	13.4	52.3	5.1	26	45	233	252	87.6
	变幅	18.6		8.5	14.5	5.3	52	43	
垫黏土土构型	测值	18.8	70.9	6.7	49.4	48.3	4 793	614	370.5
	变幅	66	36	42.6	117.6	12.3	21	249	
有机土体构型	测值	15.1	61.5	5.4	30.1	47	399.7	435	272.6
	变幅	33.6	17.6	14.9	32.6	9	161	147	
秸秆土体构型	测值	14.7	61	5.5	31.2	46.3	399.7	471	276
	变幅	30	16.6	17	37.4	7.7	161	168	
塑料土体构型	测值	14.3	44.9	3.9	19.8	44.6	137.7	148	
	变幅	26	-14	-17	-12.8	1.4	-10	-15.9	

　　（2）试验结果　　结果表明，砾石底砂泥土人为土体构型首先改变的是土壤的物理性状，且所有构型都不同程度地使原来土壤物理性状发生了改变。例如0~35 cm全层掺黏土处理土壤客重降低

5.5%，孔隙度增加9.6%，含水量降低5.3%，温度降低2.6%；垫黏土处理土壤容重降低7.4%，孔隙度增加11.1%，含水量增加25.8%，土壤温度提高了4.1%；有机构型土壤容重降低15.6%，孔隙度增加281%，土壤含水量提高5.1%，温度降低了3.2%；秸秆土体构型土壤容重降低15.7%，孔隙度增加29.5%，含水量增加12.8%，土壤温度增加了0.11%；塑料布垫底处理土壤容重降低8.2%，孔隙度增加8.6%，含水量降低22.7%，土壤温度升高了3.6%。当土体内物理性状改变后，水、气、热变化必然带来土壤微生物和速效性养分变化。掺黏土构型与原来构型（对照）比有机质含量提高66.3%，速效氮增加64.6%，速效磷增加135.1%，速效钾提高30.1%；垫黏土构型有机质、速效氮、速效磷、速效钾分别提高了53.9%、85.7%、280.6%和103.8%；有机构型土壤有机质、速效磷、速效钾含量分别提高了53.9%、82.9%和170.1%；秸秆构型土壤有机质、速效氮分别增加28.7%、66.8%，而速效磷、速效钾含量分别降低了24.4%和11.5%；垫塑料布构型土壤有机质、速效氮、速效磷和速效钾含量分别提高了22.8%、36%、27.6%和43.7%。

　　从0～35 cm不同深度掺黏土、垫黏土、施有机肥、施秸秆肥、垫塑料布的5个人为土体构型处理与比原土体构型（对照）的比较中可以看出，改良土体构型可改善土壤容重、比重、孔隙度、含水量、温度等物理性状，其中以垫黏土构型效果最好，其次效果较好的是有机构型和秸秆构型。

　　从农作物生育性状和生物产量上看，垫黏土土体构型改造漏型低产田效果最好，其次效果较好的是有机土体构型和秸秆土体构型。垫黏土土体构型处理的亩株数18.8万株，比对照11.3万株增加66%；株高70.9 cm，比对照52.3 cm增加36%；穗长6.7 cm，比对4.7 cm增加42.6%；穗粒数49.4粒，比对照22.7粒增加117.6%；千粒重48.3 g，比对照43 g增加12.3%；籽实亩产479.7 kg，比对照153 kg

增加213%；秸秆亩产614 kg，比对照176 kg增加249%，总计每亩增收370.5元。

在所有改良措施中以塑料土体构型效果最差。塑料土体构型处理的小麦穗长3.7 cm，比对照4.7 cm低17%；穗粒数19.8粒，比对照低12.8%；籽实亩产量137.7 kg，比对照低10%；秸秆亩产量比对照低15.9%，每亩产值比对照低30%。

（3）试验小结 砾石底砂泥土这种漏水漏肥型低产田用掺黏土、垫黏土、增施有机肥、增施秸秆、塑料垫底等5种措施（5种构型）都能不同程度地降低土壤容重、比重，提高孔隙度、有机质和速效氮含量；其中，以有机土体构型、秸秆土体构型土壤容重降低幅度最大，都在15%以上，土壤孔隙度增加幅度也最大，都在28%以上。

垫黏土土体构型使砾石底砂泥土的土壤水、气、热物理性状改变，促进了速效性养分的转化，提高了速效性养分含量。与原构型（对照）相比，有机质含量增加50%以上，速效氮、速效磷、速效钾含量分别增加100%、300%、100%以上，土壤含水量增加25.8%，温度升高3%以上，单位面积粮食产量增加113%、秸秆产量增加了24%，每亩增收370元。砂砾底、砂泥底、砾石底、砂底等漏水漏肥低产田改良，采用在土体30~40 cm深处垫黏土的措施效果较好；改良后在施肥、灌水措施相同情况下产量、收益最高，而且效果稳定长久，可较好地解决漏肥水问题。

用构建有机土体构型措施改良土壤，能较大幅度降低土壤容重、增加孔隙度，降低土壤温度，提高土壤有机质、速效氮、速效钾含量，能较大幅度增产增收。这一措施的效果仅次于砾石底砂泥土垫黏土的效果，积肥造粪、增施有机肥措施是比较容易做到的。

秸秆土体构型，能减小土壤容重、增加孔隙度，但速效磷和速效钾含量下降明显，这可能是由于碳氮比不佳所致。该构型的农作物生育性状、籽粒和秸秆产量与有机土体构型相接近，在5项措施中居第二位；这一措施也简单易行、效果又好，是值得提倡的改良漏型低产田的措施。

掺黏土土体构型，可明显降低土壤的含水量和温度，增加土壤速效磷含量；与原构型（对照）相比其增产增收效果比塑料土体构型要好，但远不及垫黏土、有机土体构型和秸秆土体构型，因此不建议推广使用。

垫塑料布土体构型，正常年份隔水可起到保水保肥和调控土壤温度的作用，但一遇干旱这种隔水优点就变成了缺点。这是因为塑料布的隔离作用阻碍了地下水上升对地面蒸发造成的耕作层土壤缺水的补充，致使该小麦生长和发育受到极大的影响。这一土体构型与对照相比，小麦长势及产量都最低，产生的是负效益；该土体构型适用于灌水、施肥均有保证的田块应用，相对省水节肥，而对灌溉、施肥条件无保障的一般农田不适用。

3.3.5.3 板结型低产田

这类土体为均质型，例如砾砂土、砾泥土、砂泥土、砂黏土；这里就砂黏土上的试验数据讨论此类土体构型改良措施的效果。

3.3.5.3.1 砂黏土土体构型

（1）试验数据　试验数据见表3-25至表3-34。

表3-25　砂黏土土体构型对土壤容重的影响　　单位：g/cm³，%

土体构型	项目	0 ~ 5 cm	5 ~ 10 cm	10 ~ 15 cm	15 ~ 20 cm	20 ~ 25 cm	25 ~ 30 cm	30 ~ 35 cm	平均变幅（%）
土体原型	测值	1.64	1.65	1.55	1.56	1.61	1.65	1.65	
	变幅	—	—	—	—	—	—	—	
有机土体构型	测值	0.93	1.35	1.37	1.67	1.62	1.59	1.65	
	变幅	-43.2	-18.3	-11.6	7.05	1.2	-3		-9.6

（续表）

土体构型	项目	0~5 cm	5~10 cm	10~15 cm	15~20 cm	20~25 cm	25~30 cm	30~35 cm	平均变幅（%）
无机土体构型	测值	1.09	1.31	1.48	1.6	1.56	1.58	1.69	
	变幅	-34	-21	-4.5	2.6	-3.1	-4.2	2.4	8.8
有机无机构型	测值	1.19	1.27	139	1.5	1.53	1.65	1.62	
	变幅	-27.4	-23	-10.3	-3.8	-5		-1.8	10.2
掺砂土体构型	测值	1.23	1.39	1.4	1.5	1.57	1.55	1.58	
	变幅	-25	-15.8	-9.7	-3.8	-2.5	-6.1	-4.2	-9.6
秸秆土体构型	测值	1.19	1.33	1.46	1.45	1.48	1.43	1.69	
	变幅	-27.4	-9.4	-5.8	-7.1	-8.1	-13.3	2.4	9.8

表3-26　不同土层土体构型砂黏土比重的影响　　单位：g/cm^3，%

土体构型	项目	0~5 cm	5~10 cm	10~15 cm	15~20 cm	20~25 cm	25~30 cm	30~35 cm	平均变幅（%）
土体原型	测值	2.68	2.63	2.65	2.66	2.66	2.65	2.65	
	变幅	—	—	—	—	—	—	—	
有机土体构型	测值	2.67	2.65	2.37	2.65	2.63	2.67	2.67	
	变幅	-0.4	0.8	-10.6	-0.4	-1.1	0.18	0.8	-1.5
无机土体构型	测值	2.66	2.67	2.66	2.66	2.64	2.7	2.74	
	变幅	-0.8	15	0.4		-0.8	-1.9	-3.4	1.2
有机无机构型	测值	2.63	2.65	2.64	2.65	2.62	2.64	2.65	
	变幅	-1.9	0.8	-0.4	-0.4	-1.5	-0.4		-0.5
掺砂土体构型	测值	2.62	2.66	2.63	2.58	2.59	2.61	2.65	
	变幅	-2.2	1.1	-0.8	-3	-2.6	-1.5		-1.3
秸秆土体构型	测值	2.18	2.29	2.37	2.23	2.59	2.64	2.64	
	变幅	-18.7	-12.9	-10.6	-10.9	-2.6	-0.4	-0.4	-8.1

表3-27　土体构型对不同土层砂黏土壤孔隙度的影响　　　　单位：%

土体构型	项目	0 ~ 5 cm	5 ~ 10 cm	10 ~ 15 cm	15 ~ 20 cm	20 ~ 25 cm	25 ~ 30 cm	30 ~ 35 cm	平均变幅（%）
土体原型	测值	47	42	45	41	39	38	45	
	变幅	—	—	—	—	—	—	—	
有机土体构型	测值	65	45	42	37	38	37	37	
	变幅	38.3	7.1	−7.1	−9.7	−2.6	−2.6	−17	0.91
无机土体构型	测值	59	47	44	40	41	41	46	
	变幅	25.5	11.9	−2.2	−2.2	5.1	7.9	2.2	6.9
有机无机构型	测值	55	52	47	43	42	38	39	
	变幅	17	23.8	4.4	4.8	7.7		−13.2	6.4
掺砂土体构型	测值	53	52	47	42	39	41	38	
	变幅	12.8	23.8	4.4	2.4		7.8	−15.6	5.1
秸秆土体构型	测值	54	42	43	39	43	46	46	
	变幅	14.9		−4.4	−4.8	10	21	2.2	9.4

表3-28　土体构型对砂黏土不同土层的土壤含水量影响　　　　单位：%

土体构型	项目	0 ~ 5 cm	5 ~ 10 cm	10 ~ 15 cm	15 ~ 20 cm	20 ~ 25 cm	25 ~ 30 cm	30 ~ 35 cm	平均增减（%）
土体原型	测值	12.9	12.6	14	13.2	15.7	14	13.3	
	变幅	—	—	—	—	—	—	—	
有机土体构型	测值	19.1	16.9	16.6	16.2	15.4	14.9	15.6	20.7
	变幅	48	34	18.6	22.7	−1.9	6.4	17.3	
无机土体构型	测值	7.4	10.7	12.2	16.6	16.9	13.8	14.8	0.79
	变幅	−4.2	−15	−12.8	25.8	7.6	−1.4	5.3	
有机无机构型	测值	11.1	13.1	13.5	14.6	13.6	12.4	12.4	−5
	变幅	−13.9	3.9	−3.6	10	−13.6	−11.4	−6.7	
掺砂土体构型	测值	9.9	10.1	13.9	15	14.3	15.4	13.1	−4.4
	变幅	−23	−19.8	−0.7	13.6	−8.9	10	−1.5	

（续表）

土体构型	项目	0~5 cm	5~10 cm	10~15 cm	15~20 cm	20~25 cm	25~30 cm	30~35 cm	平均增减（%）
秸秆土体构型	测值	6.3	14.5	16.6	16.1	16	14	13.6	-1.2
	变幅	-51	15	18.6	22	1.9		2.2	

表3-29　土体构型对砂黏土的土壤温度影响　　单位：℃，%

土体构型	项目	0~5 cm	5~10 cm	10~15 cm	15~20 cm	20~25 cm	25~30 cm	30~35 cm	平均增加（%）
土体原型	测值	24	22	20	19	18	16	15	
	变幅	—	—	—	—	—	—	—	—
有机土体构型	测值	22	21	20	19	19	18	15	
	变幅	-8	-4.5			5.5	12.5		0.8
无机土体构型	测值	24	22	20	19	18	17	15	
	变幅						6.3		0.9
有机无机构型	测值	23	22	21	20	19	18	16	
	变幅	-4.2		5	11.1	5.5	12.5	6.6	5.2
掺砂土体构型	测值	25	23	21	19	17	16	15	
	变幅	4	4.5	5		-5.6			1.14
秸秆土体构型	测值	20	18	17	16	16	15	15	
	变幅	-16.7	-18	-15	-15.8	-11.1	-6.3		11.8

表3-30　土体构型对砂黏土的土壤有机质含量影响　　单位：%

土体构型	项目	0~5 cm	5~10 cm	10~15 cm	15~20 cm	20~25 cm	25~30 cm	30~35 cm	平均变幅（%）
土体原型	测值	1.8	1.7	1.53	1.29	1.07	0.71	0.58	
	变幅	—	—	—	—	—	—	—	

（续表）

土体构型	项目	0～5 cm	5～10 cm	10～15 cm	15～20 cm	20～25 cm	25～30 cm	30～35 cm	平均变幅（%）
有机土体构型	测值	2.26	2.35	2.44	2.07	1.8	1.87	1.5	81.3
	变幅	26	33.5	59.5	60	68.2	163.4	158.6	
无机土体构型	测值	1.96	2.04	2.1	1.92	1.76	0.92	0.8	34.7
	变幅	9	16	37.2	48.8	64.5	29.6	37.9	
有机无机构型	测值	2.88	2.22	2.28	2.34	1.65	1.16	0.78	52.7
	变幅	60	26.1	49.1	81.4	54.2	63.4	34.5	
掺砂土体构型	测值	1.98	2.04	2.16	2	1.92	1.7	0.97	45.6
	变幅	10	15.9	41.2	55	79.4	50.7	67.2	
秸秆土体构型	测值	2.52	2.54	2.38	2.04	2	1.59	0.97	65
	变幅	40	44.3	55.6	38.1	86.9	123.9	67.2	

表3-31　土体构型对砂黏土的土壤速效氮含量影响　　单位：mg/kg

土体构型	项目	0～5 cm	5～10 cm	10～15 cm	15～20 cm	20～25 cm	25～30 cm	30～35 cm	平均变幅（%）
土体原型	测值	51.4	55.7	57	55.1	62.1	51.6	53.9	
	变幅	—	—	—	—	—	—	—	
有机土体构型	测值	67.5	68.7	68.1	64.7	50.8	56.4	12.2	37.1
	变幅	24.1	23.3	19.5	17.4	-18.8	9.3	-77.4	
无机土体构型	测值	61.2	55.1	62.5	61	58.1	32.3	30.5	7.9
	变幅	12.5	-1	9.6	10.7	-6.5	-37.4	-43.4	
有机无机构型	测值	83.2	74.7	71.1	73.6	53	40.7	34.3	10.57
	变幅	52.9	34.1	24.7	33.16	-13.9	-21	-36	
掺砂土体构型	测值	62.8	70.5	69.3	63.4	59.7	58.5	27.7	5.4
	变幅	15.4	26.6	21.6	15.1	-5.6	13.4	-48.6	

（续表）

土体构型	项目	0~5 cm	5~10 cm	10~15 cm	15~20 cm	20~25 cm	25~30 cm	30~35 cm	平均变幅（%）
秸秆土体构型	测值	77.6	84.7	73.9	62.8	70.8	53.9	31	
	变幅	42.6	52.1	29.6	14	13	4.5	−42.3	16.2

表3-32　土体构型对砂黏土的土壤速效磷含量的影响　　单位：mg/kg

土体构型	项目	0~5 cm	5~10 cm	10~15 cm	15~20 cm	20~25 cm	25~30 cm	30~35 cm	平均变幅（%）
土体原型	测值	6	5	5	4	3	2	2	
	变幅	—	—	—	—	—	—	—	
有机土体构型	测值	22	17	26	15	6	6	5	
	变幅	267	240	420	275	100	200	150	236
无机土体构型	测值	18	15	13	6	6	1	1	
	变幅	200	200	160	50	100	−100	−50	87.1
有机无机构型	测值	43	21	32	41	3	1	1	
	变幅	617	320	540	925		−100	−50	328.9
掺砂土体构型	测值	8	7	3	2	1	1	1	
	变幅	33	40	−40	−50	−200	−100	−50	52.4
秸秆土体构型	测值	36	39	22	8	11	1	1	
	变幅	500	680	340	100	267	−100	−50	248

表3-33　土体构型对砂黏土的土壤速效钾含量的影响　　单位：mg/kg

土体构型	项目	0~5 cm	5~10 cm	10~15 cm	15~20 cm	20~25 cm	25~30 cm	30~35 cm	平均变幅（%）
土体原型	测值	165	138	125	125	135	130	120	
	变幅	—							

（续表）

土体构型	项目	0～5 cm	5～10 cm	10～15 cm	15～20 cm	20～25 cm	25～30 cm	30～35 cm	平均变幅（%）
有机土体构型	测值	525	338	428	405	192	175	148	
	变幅	218	144	242	224	42.2	34.6	23	132.5
无机土体构型	测值	192	191	235	155	152	105	102	
	变幅	16.4	38	88	24	12.6	−19	−15	20.7
有机无机构型	测值	332	290	335	345	173	148	118	
	变幅	101	110	168	176	28.5	13.8	−1.6	85.1
掺砂土体构型	测值	205	206	208	180	165	155	148	
	变幅	24	44.9	66	44	22	19	23	34.7
秸秆土体构型	测值	335	338	362	193	220	166	135	
	变幅	103	145	189	54	63	23	12.5	84.2

表3-34　土体构型对砂黏土的作物生育性状及经济性状的影响

土体构型	项目	亩株数（万）	株高（cm）	穗长（cm）	穗粒数（粒）	千粒重（g）	籽粒产量（kg/亩）	秸秆产量（kg/亩）	亩增收（元/亩）
土体原型	测值	5.5	54	5.7	29.3	42.9	103	127	
	增减（%）	—	—	—	—	—	—	—	—
有机土体构型	测值	11.2	64.3	6.2	34	40	187.5	208	105.77
	增减（%）	104	19	8.8	16	−6.7	82	63.8	
无机土体构型	测值	7.2	61	5.7	28	42	136.5	204	51.01
	增减（%）	30	12.9		−4.4	−2	32.5	60.6	
有机无机构型	测值	11.4	57.7	5.5	28	39.4	135.5	236.5	56.35
	增减（%）	107	5.7	−3.5	−4.4	−8.1	31.6	86.2	

（续表）

土体构型	项目	亩株数（万）	株高（cm）	穗长（cm）	穗粒数（粒）	千粒重（g）	籽粒产量（kg/亩）	秸秆产量（kg/亩）	亩增收（元/亩）
掺砂土体构型	测定值	5.5	59.7	5.3	29.7	41.8	114	147	15.66
	增减（%）		10.6	−7	1.4	−2.5	10.9	15.7	
秸秆土体构型	测定值	9.5	57	6	28	43.6	177.5	246	102.87
	增减（%）	72.7	5.6	5.3	−4.4	1.6	72	93.7	

（2）土体构型对砂黏土影响试验结果　人为构建土体构型的5项措施均能改变砂黏土的物理性状并影响土壤的化学性状，从而使农作物生物学产量和经济收益发生改变。

有机土体构型，使砂黏土容重、比重分别下降9.6%和12.3%，土壤含水量增加幅度最大，达20.7%，有机质含量增加幅度也最大，为81.3%，速效氮、速效磷、速效钾含量分别增加了7.6%、236%、132.5%，土壤孔隙度仅提高了0.9%，土壤温度提高了0.8%；单位面积产量最高，比土体原型（对照）增加103 kg/亩，增加幅度达82%。

无机土体构型，砂黏土土壤容重降低幅度最大，达15%，30～35 cm土层土壤比重增加了34%，土壤温度升高，土壤有机质增加34.7%，幅度最小，速效磷、钾含量增加的也很少，小麦单位面积产量有所增加，但幅度较小，总体经济效益不高。

有机无机土体构型对砂黏土的土壤容重和比重影响较少，分别降低了7.2%和0.5%，但土壤含水量大幅度提高（5%）、土壤温度明显下降（5.2%），土壤速效磷、速效钾含量都有所增加。作物亩株数增加，但株高、穗长、穗粒数较低，产量一般，收益增加不多。

掺砂土体构型后砂黏土容重、比重有少量下降，土壤温度和含水量受影响也较小，但在各处理中均居最低水平；土壤有机质含量增加少，速效氮含量有所下降，但速效磷含量降低明显、与对照相比降低幅度达31%。

秸秆土体构型，对砂黏土的改良效果仅次于有机土体构型，排第二位。与原型土体（对照）相比，该土体构型使砂黏土的容重大幅度降低、降低幅度达11.2%，土壤比重降低了8.1%，孔隙度增加了5.6%，土壤含水量增加了7.8%，温度降低了11.8%，有机质含量增加了68%，速效氮、速效磷和速效钾分别增加了16.2%、241%和84.2%；小麦亩株数增加了72.7%，株高和穗长增加5%以上，小麦千粒重增加，亩产达177.5 kg，增产72%，亩增收102.87元，效益良好。

（3）砂黏土土体构型改良小结　砂黏土土层深厚、质地黏重、土体紧实，保水保肥，生产上的障碍因子主要是土体板结紧实，呈块状结构、碱性；通过人为地构建土体构型，增施有机肥和合理施用化肥，使有机肥和化肥相结合，5项构建人为土体构型措施均收到了明显的改良效果。首先，这些措施降低了砂黏土土壤容重、比重，增加了孔隙度等，使土壤含水量、温度处于合理区间，水、气、热关系协调；其次，土壤原有和施入成分转化，使速效性养分含量提高，从而促进了作物生长发育，提高了作物的生物学产量。

有机土体构型和秸秆土体构型与原土体构型（对照）相比土壤有机质含量增加最多，致使土壤水分含量增加，比重和容重下降，速效氮和速效磷含量最高，小麦亩株数最多，穗长最大，生物学产量也最高。这两项人为构建的有机、秸秆土体构型是砂黏土板结型低产田改良的首选技术措施。

单施化肥的无机土体构型，与原型（对照）相比砂黏土土壤比重增加7.1%，但小麦穗长没有增加，穗粒数还下降了4.4%，结果小麦亩产仅136.5 kg，在各处理中是比较低的，故不能推荐为改土培肥措施。

掺砂土体构型，与原型（对照）相比能较大幅度地降低砂黏土土壤容重，增加孔隙度，但土壤温度和含水量差异不大，速效氮和速效磷含量降低，结果不仅亩株数没有增加、穗长度呈现减少趋势，穗粒数增加的幅度也很小，小麦亩产仅增加了10.9%。总之，砂黏土掺砂构建土体构型措施效果不好，不宜在当地改造低产田实践中推广应用。

有机无机土体构型，与原型（对照）相比砂黏土土壤容重下降，土壤含水量明显降低、土壤温度提高，速效磷、速效钾含量均有较大幅度增加；结果小麦亩株数增加，但穗长、穗粒数、千粒重下降，致使亩产量和亩产值都不高，也不宜作为改造砂黏土低产田技术措施在当地推广应用。

3.3.5.3.2 砂泥土土体构型

该土体构型发育在冲积或洪冲积宽谷扇缘及一级阶地上，属草甸土类；其土壤质地多为砂壤土或壤土，耕作层砂、壤、黏粒含量适中，团块状结构数量多，pH值在7.3左右，呈微碱性，养分含量较丰富，是高产土壤。但因连年种植高产作物又很少施有机肥，致使土壤物理性质变坏，耕层板结，作物产量逐年下降。

针对当地普遍严重缺乏燃料而把牛粪和羊粪、秸秆用作燃料从而造成农田有机肥施用量大幅度减少的实际情况，采取生物土体构型改良措施，其目的在于验证施用有机物料提高土壤有机质含量、恢复团粒结构的效果，找出合理措施。

生物土体构型的构建具体方法是在6月冬小麦或者冬青稞开花

后开始灌浆时，以每亩10 kg干箭筈豌豆种子用清水泡涨混入1 kg
高秆油菜种子，均匀撒播到冬小麦或冬青稞田内，随后灌透水，
待冬小麦或者冬青稞成熟时，及时收割并运出田块，收割时留茬
20 cm。此后看管好牲畜阻止其进地，到秋播前的9月中下旬，用大
马力拖拉机带上圆盘耙或用联合收割粉碎机把箭筈豌豆留茬切割
碎、盖在田面，再耕翻30 cm深，随即灌透水，使箭筈豌豆鲜草进
入耕层土壤并很快腐烂，等土壤墒情适宜时施少量磷肥和钾肥，机
播冬小麦或冬青稞。

　　土体原型：春种秋收，正常田间管理。

　　（1）试验数据　试验数据结果见表3-35至表3-37。

　　（2）砂泥土的生物土体构型结果　在砂泥土上构建生物土体
构型后，0～35 cm土层土壤容重降低23.8%，比重降低6.5%，粒径
大于10 mm和7～10 mm、3～7 mm、1～3 mm、0.25～1 mm的团粒
数量分别增加了4.34%、6.7%、7.4%、26.4%和34.2%；土壤孔隙
度提高32.6%，含水量增加34.6%，温度提高了3.5%，有机含量增
加了40.1%，土壤速效氮、速效磷和速效钾含量分别增加了21%、
160.6%和12.5%。由于生物土体构型大幅度地改善了砂泥土的板结
性状，尤其是改善土壤物理结构，使土壤水、气、热关系协调，
直接影响土壤化学性质，从而大幅度改善了土壤速效养分含量状
况，极大地促进作物生育生长，提高了作物的生物学产量。与原型
（对照）相比，生物土体构型小麦亩株数、株高、穗长、穗粒数、
千粒重分别增加了201%、26.7%、26.3%、28.3%和51.7%，每亩产
量增加了185.0%，获得了较好经济效益、每投入1元钱可获净利润
8.41元。

　　（3）泥砂土的生物土体构型改良结论　在砂泥土上采取构建
生物土体构型措施，改善土壤物理性状、化学性状和生态环境效果
较好，不仅能快速大幅度提高土壤肥力，增加农田作物栽培收益，

表3-35 均质砂泥土生物土体构型试验结果

土体构型	土层深度(cm)	测定值及增减	容重(g/cm³)	比重(g/cm³)	孔隙度(%)	湿度(%)	温度(℃)	有机质(%)	速氮(mg/kg)	速磷(mg/kg)	速钾(mg/kg)
土体原型	0~5	测定值	1.38	2.61	37	5.8	21.5	1.98	77	7	105
	5~10	测定值	1.37	2.61	32	12	19.5	1.88	70.5	6	102
	10~15	测定值	1.49	2.6	37	15.7	17.5	1.46	75.5	5	110
	15~20	测定值	1.45	2.62	43	16.9	16.5	1.35	59.5	2	106
	20~25	测定值	1.42	2.69	47	15.5	15.5	1.26	58.1	2	95
	25~30	测定值	1.56	2.70	47	19.5	15.5	1.26	56.8	1	78
	30~35	测定值	1.65	2.62	42	20.2		1.16	36	1	56
生物土体构型	0~5	测定值	1.03	1.95	61	12	22.5	2.28	87.8	26	105
		增减(%)	-25.4	-25.3	64.9	106	4.6	15	14	271	
	5~10	测定值	1.24	2.16	62	21	20.5	2.22	80.1	11	126
		增减(%)	-9.5	-17.2	93.8	75	5.1	18	13.6	83	14.8

（续表）

土体构型	土层深度(cm)	测定值及增减(%)	容重(g/cm³)	比重(g/cm³)	孔隙度(%)	湿度(%)	温度(℃)	有机质(%)	速氮(mg/kg)	速磷(mg/kg)	速钾(mg/kg)
	10~15	测定值	1.02	2.53	60	17.6	18.2	2.32	80.4	11	142
		增减(%)	-31.5	-2.7	62	12	4	59	6.4	120	20.9
	15~20	测定值	1.25	1.1	50	17.4	17.2	2.48	63.5	8	124
		增减(%)	-85.2	-3.1	16.3	2.9	4.2	54	6.7	300	24
生物土体构型	20~25	测定值	1.26	2.50	44	18.2	16.5	1.97	55.1	5	110
		增减(%)	-15.5	-7.1	-6.4	17.4	6.4	56	-501	150	15.3
	25~30	测定值	1.44	2.62	38	19.7		1.92	108.1	2	80
		增减(%)	-0.04	-3	19.1	1		60	96	100	2.6
	30~35	测定值	1.58	2.69	37	25.8	3.5	1.38	40	2	62
		增减(%)	-4.2	12.9	-21.3	27.7		19	16	100	9.7
较原型平均增减(%)			-23.8	-6.5	32.6	34.6		40.1	21	160.6	12.5

表3-36　生物土体构型对砂泥土团粒结构影响　　　　单位：%

土体构型	土层深度（cm）	团粒粒径（mm）									
		>10		7~10		3~7		1~3		0.25~1	
		测值	增减（%）	测值	增减（%）	测值	增减（%）	测值	增减（%）	测值	增减（%）
土体原型	0~5	50.6		20.3		12.9		6.7		2.5	
	5~10	51.7		20		13.5		5.9		2.1	
	10~15	50.8		21.4		11.9		6.1		3	
	15~20	49		20.4		10.9		8.2		3.9	
	20~25	46		20		9.1		8		4	
生物土体构型	0~5	52.7	4.2	20.1	-0.9	11.7	-9	8.5	26.9	3	20
	5~10	52.9	2.3	21.6	8	12.8	-5.1	6	1.7	2.9	38
	10~15	51.9	2.2	21.7	1.4	13.6	14.3	8.5	39.3	4.3	43.3
	15~20	51.1	4.3	22.4	9.8	11.9	9.2	10.4	26.8	4.9	25.6
	20~25	50	8.7	23	15	11.6	27.5	11	37.5	5.8	45
	较原型平均增减（%）	4.34		6.66		7.38		26.44		34.32	

表3-37　生物土体构型对砂泥土上的小麦生育性状的影响

土体构型		亩株数（万/亩）	株高（cm）	穗长（cm）	穗粒数（粒）	千粒重（g）	亩产量（kg/亩）	增收（元/亩）	投入（元/亩）	利润率（%）
土体原型	测值	8.3	70	3.8	40	32.3	178			
	增减（%）	—	—	—	—	—	—			

（续表）

土体构型		亩株数（万/亩）	株高（cm）	穗长（cm）	穗粒数（粒）	千粒重（g）	亩产量（kg/亩）	增收（元/亩）	投入（元/亩）	利润率（%）
生物土体构型	测值	25	88.7	4.8	51.3	49	507	338.64	36	8.41
	增减（%）	201	26.7	26.3	28.3	51.7	185			

而且投入少，利润率高，每投入1元钱可获净利润8.41元。因此，这一措施是当时西藏农业经济基础薄弱条件下快速提高农业效益的最佳措施，技术简单、操作方便，生态、安全、效益长久，可广泛地推广应用。

3.3.5.3.3 砾黏土土体构型

均质型砾黏土是一种均质型土体，它分布比较广，主要发育在河流冲洪积扇缘、冲积和洪积阶地上，地势比较平坦，是西藏自治区的主要耕地类型。该土体构型土壤以黏土和砾石为主，结构板结紧实，但保水保肥能力较强。由于近年来当地农区缺少燃料而将大量的牛粪、羊粪和秸秆当作燃料烧掉，致使农田有机肥用量大幅度下降，土壤肥力随之降低、作物单产也越来越少。

以无机促有机土体构型：这一构型是通过以用少量化学肥料获得大量生物物质、再转化大量成有机肥料的途径完成的。在农作物正常播种时，用深施或犁前撒施的方法增施一定量的尿素、磷酸二铵等化肥，以提高肥料利用率、使农作物增加生物学产量（籽粒、秸秆）。在秋收时秸秆留高茬收割，在把收割部分运出田块后，用大马力拖拉机深翻30～40 cm，把秸秆根茬翻压到土层内，随后灌透水，使秸秆快速腐烂转化成有机质。

（1）试验数据　试验数据结果见表3-38、表3-39。

表3-38 砾黏土以无机促有机土体构型土壤物理性质及养分含量变化

土体构型	土层深度(cm)	测定值及增减	容重(g/cm³)	比重(g/cm³)	孔隙度(%)	含水量(%)	温度(℃)	有机质(%)	速效氮(mg/kg)	速效磷(mg/kg)	速效钾(mg/kg)
土体原型	0~5	测定值	1.32	2.66	48	8.2		1.69	52.7	4	120
	5~10	测定值	1.56	2.68	42	10.1	20.3	1.61	57.3	4	120
	10~15	测定值	1.59	2.96	25	12.1		1.54	60.1	5	132
	15~20	测定值	1.59	2.66	40	15.1	19.2	1.32	45.3	3	112
	20~25	测定值	1.71	2.69	36	14.9		1.13	44	3	105
	25~30	测定值	1.66	2.71	39	14.4	18.5	1.09	38.5	3	95
	30~35	测定值	1.68	2.7	40	15.2	18	1.02	65.5	3	85
以无机促有机土体构型	0~5	测定值	1.35	2.64	49	7.7		1.9	62.5	29	130
		增减%	2.2	-7.5	2.1	-6		12.4	18.6	625	8.3
	5~10	测定值	1.24	2.66	53	12.1	21	2.05	72.4	22	148
		增减%	-20.5	-7.5	26.3	19.8	3.4	27.3	26.4	450	23.3

（续表）

土体构型	土层深度（cm）	测定值及增减	容重（g/cm³）	比重（g/cm³）	孔隙度（%）	含水量（%）	温度（℃）	有机质（%）	速效氮（mg/kg）	速效磷（mg/kg）	速效钾（mg/kg）
以无机促有机土体构型	10～15	测定值	1.28	2.66	52	14.9		1.94	73	12	120
		增减%	-19.5	-9.5	148	23		26	21.5	140	-10
	15～20	测定值	1.59	2.67	40	16.4	22	1.68	65.5	5	110
		增减%		1.02		8.6	14.6	27.3	47	66.7	-1.8
	20～25	测定值	1.57	2.6	41	14.7		1.17	42	3	85
		增减%	-8.2	-0.7	13.8	-1.3		3.5	-4		-19
	25～30	测定值	1.53	2.7	43	15.1	19.5	0.83	38.6	3	65
		增减%	-0.8	-0.36	10.3	4.8	5.4	-23.9	-25		-31
	30～35	测定值	1.62	2.7	40	15.8	8.5	0.93	28	4	58
		增减%	-3.5			3.9	2.8	8.8	-57	33	-31
	较原型平均增减%		-8.4	-4.09	33.4	3.49	6.55	9.11	3.9	187.8	-8.7

表3-39　以无机促有机土体构型改良砾黏土作物的生育状况

土体构型	测值及增减	亩株数（万）	株高（cm）	穗长（cm）	穗粒数（粒）	千粒重（g）	亩产量（kg/亩）	增收（元/亩）		
								产值	投入	净增
土体原型	测值	10.5	51.3	4.4	34	43.4	428	650.6		
以无机促有机	测值	19.5	64.5	4.8	40.8	44.7	592	899.8	49	200
	增减（%）	86	25.7	9	20	3	38			

（2）以无机促有机土体构型改良砾黏土结果　以无机促有机土体构型改良砾黏土，较大幅度地改变了砾黏土板结紧实性状，改善了速效养分状况；0~35 cm土层的土壤容重降低8.4%，耕作层土壤比重降低4%，土壤孔隙度增加33.4%，含水量提高3.49%，温度上升6.55%，有机质含量增加9.11%，速效氮、速效磷含量分别提高3.9%、187.8%，而速效钾含量下降了8.7%。结果小麦亩株数、株高、穗长、穗粒数、千粒重分别增加了86%、25.7%、9%、20%和3%，每亩增产164 kg，增产幅度达38%；每亩增收益249元，扣除化肥投入49元，净增收益200元，当年投入与净收益比例是1：4.1元。

（3）砾黏土以无机促有机土体构型改良小结　砾黏土土壤结构性不良，干旱时板结、坚硬，水分入渗缓慢，不利于农作物生长，是一种低产土壤、需要改良。目前每年施到农田的有机肥和化肥数量很难改善耕作层土壤坚硬板结性状，作物单位面积产量提升困难。

以无机促有机土体构型是在当地农村农民缺乏资金、缺少燃料、烧秸秆、牛、羊粪，有机肥投入不足情况下，能较快有效地改良砾黏土土壤板结物理性状、提高有机质含量、改善土壤内部水、肥、气、热环境是提高土壤综合肥力的有效措施。该措施能够促使小麦亩株数、株高、穗长、穗粒数、千粒重增加，产量提高、收入增长，且投入少、改土培肥速度快，简单易行，是值得推荐的常规改造低产田技术。

3.3.6　人为土体构型对作物籽实营养成分影响

随着社会进步、科学的发展，当今人们普遍追求生活质量，人们也更重视农产品的质量，而农产品质量又受制于自然环境；因此，环境优劣直接影响人们生活质量。

土壤是一切有生命的动物和植物生长生活的最根本、最直接、最重要的物质基础。土壤直接影响着植物生长的优劣；例如人们经常看到在同一田块上庄稼或植物长势差别很大，而它们所处的光照、降水条件相同，人工管理方式方法也基本一致，这种差别则主要来源于地下土壤性状的不同。

上述研究结果证明，土体构型能够改变土壤理化性质、影响作物生育性状和产量，按此推论人为土体构型改良土壤也能对农产品的营养成分产生影响。下面就土体构型与作物籽实营养成分的关系进行讨论，分析土体构型对青稞、小麦籽粒营养成分影响。

（1）土体构型对作物籽粒营养成分影响的试验结果　砾石底砾泥土的5项人为土体构型措施均能提高青稞籽粒的粗蛋白质和粗淀粉含量，降低粗脂肪和粗纤维含量。

其中有机土体构型和秸秆土体构型粗蛋白质含量的提高幅度最大，分别达12%和12.4%；而粗淀粉含量分别增加9.2%和13.2%，粗脂肪含量降低2.3%和53%，粗纤维含量降低25%、12.5%。掺黏土和垫黏土土体构型也能增加青稞籽粒的粗蛋白质含量、但幅度较少，为0.7%～0.8%，提高粗淀粉含量4%～4.6%，降低粗脂肪含量12%～14%，降低粗纤维含量12.5%。

垫塑料土体构型比较能够大幅度增加青稞籽粒的粗纤维含量、增幅高达62.5%，而其他4项措施能降低青稞籽粒的粗纤维含量，降幅达12.5%～25%。

表3-40 砾石底砾泥土土体构型的青稞籽粒营养成分比较 （单位：%）

土体构型	粗蛋白质		粗脂肪		粗淀粉		面筋		粗纤维	
	含量（%）	增减（%）	含量（%）	增减（%）	含量（%）	增减（%）	含量（%）	增减（%）	含量（%）	增减（%）
土体原型	6.23		2.2		50		0.08			
掺黏土构型	6.67	7	1.89	−14	52	4	0.08			
垫黏土构型	6.28	0.8	1.92	−12	52.3	4.6	0.07	−12.5		
有机构型	6.98	12	2.15	−2.3	54.6	9.2	0.06	−25		
秸秆构型	7	12.4	1.04	−53	56.6	13.2	0.07	−12.5		
垫塑料构型	6.65	6.7	1.69	−23	56.2	12.4	0.13	62.5		

表3-41 砂黏土人为土体构型对青稞籽粒营养成分的影响

土体构型	粗蛋白质		粗脂肪		粗淀粉	
	含量（%）	增减（%）	含量（%）	增减（%）	含量（%）	增减（%）
土体原型	8.8		2.6		61.26	
有机土体构型	11.68	28.9	3.09	18	59.84	−2.3
无机土体构型	11.93	35.6	2.68	2.7	56.8	−7.3
有机无机土体构型	13.33	51.4	2.68	2.7	58.49	−4.5
掺砂土体构型	10.82	23	2.42	−7.3	65.28	6.6
秸秆土体构型	13.62	55.1	2.65	1.5	55.74	−9

表3-42 土体构型对砾石体砾泥土上生长小麦、青稞的籽粒营养成分的影响

土体构型	项目	粗蛋白质（%）		粗脂肪（%）		粗淀粉（%）		面筋（%）	粗纤维（%）
		1993年小麦	1994年青稞	1993年小麦	1994年青稞	1993年小麦	1994年青稞	1993年小麦	1993年小麦
土体原型	测值	6.66	8.89	1.59	2.10	64.5	64.33	13.44	0.16
	变幅（%）								
有机土体构型	测值	8.3	12.54	1.92	2.14	66.5	59.28	15.26	0.09
	变幅（%）	24.6	41	20.8	1.9	3.1	-7.8	14.26	-43.8
有机无机型	测值	6.89	11.1	2.56	2.63	66.1	62.34	16.95	0.09
	变幅（%）	3.5	24.9	61	25.2	2.5	-3	15.95	-43.8
秸秆土体构型	测值	6.59	10.33	1.54	2.89	70.1	61.73	17.73	0.06
	变幅（%）	-1	16.2	-3	37.6	8.1	-4	16.73	-62.5
秸秆无机构型	测值	7.64	9.17	1.9	2.28	66.9	62.64	17.01	0.09
	变幅（%）	14.7	3.1	19.5	13.3	3.7	-2.6	16.01	-43.8
筛石土体构型	测值	7.46	13.21	1.42	2.66	65.9	58.77	12.62	0.09
	变幅（%）	12	48.6	-14	26.7	2.2	-8.6	-11.62	-43.8
筛石有机构型	测值	8.96	12.21	1.85	2.32	65.5	59.31	15.61	0.09
	变幅（%）	34.5	37.3	16.4	10.5	1.6	-7.8	14.61	-43.8
筛石有机无机构型	测值	9.47	10.01	2.67	2.63	68.6	64.36	17.59	0.1
	变幅（%）	42	12.6	68	25.2	6.4	0.04	16.59	-37.5
筛石秸秆构型	测值	8.02	12.11	1.59	2.77	69.2	59.75	16.86	0.08
	变幅（%）	20.4	36.2		31.9	7.3	-7.1	15.86	-60
筛石秸秆无机构型	测值	8.58	12.71	1.7	2.44	68.8	60.89	17.82	0.09
	变幅（%）	28.8	43	6.9	16.2	6.7	-5.3	16.82	-43.8

表3-43　土体构型对砾黏土上生长的小麦、青稞籽粒营养成分的影响

土体构型	测值及增减	粗蛋白质（%）		粗脂肪（%）		粗淀粉（%）		面筋（%）	粗纤维（%）
		1993年小麦	1994年青稞	1993年小麦	1994年青稞	1993年小麦	1994年青稞	1993年小麦	1993年小麦
土体原型	测值	5.88	9.28	1.39	3.08	63	60.87	11.62	0.09
	变幅（%）	—	—	—	—	—	—	—	—
以无机促有机	测值	7.42	8.93	16.8	3.18	65	60.09	19.62	0.09
	变幅（%）	26.2	-3.8	20.9	5	3	-2.3	63.8	

表3-44　土体构型对砂泥土的小麦、青稞籽粒营养成分的影响

土体构型	测值及增减	粗蛋白质（%）		粗脂肪（%）		粗淀粉（%）		面筋（%）	粗纤维（%）
		1993年小麦	1994年青稞	1993年小麦	1994年青稞	1993年小麦	1994年青稞	1993年小麦	1993年小麦
土体原型	测值	6.05	7.3	1.64	2.66	60.6	66	12	0.09
	变幅（%）	—	—	—	—	—	—	—	—
以无机促有机	测值	8.24	9.85	2.11	2.62	67	67.86	14.7	0.12
	变幅（%）	36.2	34.9	28.7	-1.5	11.1	6.7	14.8	33

　　砾石体砾泥土土体构型的9项措施均能提高小麦籽粒中的粗蛋白质和粗淀粉含量，降低粗纤维含量；也能提高青稞籽粒的粗蛋白质、粗脂肪含量，降低粗淀粉含量。有机土体构型、筛石有机构型提高小麦籽粒粗蛋白质效果明显，都在8.3%以上，而降低青稞籽粒粗淀粉含量也在7.8%以上。有机无机土体构型、筛石有机无机构型提高小麦籽粒的粗脂肪含量的幅度最大，达61%~68%，也能够提高青稞籽粒粗脂肪含量，提高幅度都在25.0%以上。秸秆土体构型

青稞籽粒的粗脂肪含量最高，与对照相比提高了37.6%～31.9%；小麦籽粒的粗淀粉含量最高者达7.3%～8.1%，粗纤维含量降低，降低幅度达60%～62.5%。秸秆构型、秸秆无机构型、筛石秸秆构型、筛石秸秆无机构型小麦籽粒的面筋含量最高，提高幅度最大，达到16.1%～16.82%。筛石土体构型青稞籽粒粗蛋白质量提高幅度大，高达48.6%，青稞籽粒粗淀粉含量降低幅度最大，达到了8.6%。

砂黏土的人为土体构型的5项措施均能大幅度提高小麦和青稞籽粒的粗蛋白质含量，提高幅度在23%～55%。有机土体构型青稞籽粒粗脂肪含量提高幅度最大，达到18%，粗蛋白质含量也提高了25.9%。无机土体构型小麦和青稞籽粒的粗蛋白质含量增加35.6%，粗脂肪含量增加2.7%，而粗淀粉含量减少了7.3%。有机无机土体构型小麦和青稞籽粒的粗蛋白质提高幅度较大，达51.5%，次于秸秆土体构型而居于第二位。掺砂土体构型与其他4项构型措施不同，其小麦和青稞籽粒的粗脂肪含量降低7.3%、粗淀粉含量增加了6.6%。秸秆土体构型小麦和青稞籽粒除蛋白质含量提高幅度最大，高达55%，淀粉含量下降得最多，达到9%。

砾黏土的土体构型人为地以无机促有机土体构型对农作物籽粒营养成分影响比较明显，小麦籽粒粗蛋白质含量、粗脂肪、粗淀粉、面筋含量分别提高了26.2%、20.9%、3%和63.8%；青稞籽粒粗蛋白质含量减少3.8%，粗脂肪、粗淀粉含量分别增加了5%和2.3%。以无机促有机土体构型，小麦和青稞籽粒的粗纤维含量基本未发生改变。

砂泥土的土体构型的人为生物土体构型对农作物籽粒的营养成分影响也是极其显著的。生物土体构型青稞、小麦籽粒粗蛋白质含量提高33%以上，小麦籽粒粗脂肪含量提高了28.7%，面筋含量提高了14.7%，粗纤维含量提高33%，小麦籽粒的营养成分、品质得到大幅度提高。青稞籽粒粗蛋白质含量提高34.9%，粗脂肪含量降低1.5%，可见青稞籽粒的品质也得到了提高。

（2）土体构型改造低产田对粮食营养成分影响的结论　人为土体构型改造低产田，不仅提高了农作物单位面积产量，也大幅度提高了作物籽粒品质，改善了营养成分，特别是籽粒中的粗蛋白质量含量普遍提高，有的甚至提高50%以上，小麦籽粒面筋含量提高30%以上，个别的提高60%以上。以下从人为土体构型措施角度就人为土体构型对粮食作物营养成分的影响进行总结。

掺黏土土体构型，这种土体构型是针对漏型低产田设计的，能有效提高青稞籽粒的粗蛋白质含量，提高幅度达7%，提高粗淀粉含量4%，降低粗脂肪含量14%，是有效改善漏肥漏水型低产田、提高粮食品质的措施。

垫黏土土体构型，能增加作物籽粒的粗蛋白质和粗淀粉含量，降低粗脂肪和粗纤维含量，改善青稞籽粒营养成分从而提高粮食品质的有效措施。

有机土体构型，在多种低产田、多类土体构型土壤上实施后，均较好地提高了小麦、青稞籽粒营养成分含量，改善了粮食的品质。在砾石底砾泥土上，青稞籽粒粗蛋白质含量提高12%，粗淀粉和粗纤维含量分别提高9.2%和25%，粗脂肪含量降低了2.3%。在砾石体砾泥土上，小麦籽粒粗蛋白质、粗脂肪、粗淀粉、面筋含量分别提高24.6%、20.8%、3.1%和14.3%，粗纤维含量降低了43.8%。砂黏土中种植青稞籽粒粗蛋白质、粗脂肪含量分别提高25.9%和18%，粗淀粉含量降低了2.3%。

秸秆土体构型，应用于不同类型低产田的改造上，同样也收到了较好效果。在砾石底砾泥土上，青稞籽粒粗蛋白质、粗淀粉含量分别提高7%和13.2%，而粗脂肪、粗纤维含量分别减少了53%和12.5%。在砾石体砾泥土上，青稞籽粒粗蛋白质、粗脂肪含量分别提高16.2%和37.6%；小麦籽粒粗蛋白质、面筋含量分别提高20.4%和16.7%，粗脂肪、粗纤维含量分别降低了3%和62.5%。在砂黏土上，青稞籽粒粗蛋白质含量提高了55%，粗淀粉含量降低了9%。

塑料土体构型，只在漏肥漏水的砾石底砾泥土青稞作物上实施，结果表明，这一构型也能小幅提高青稞籽粒粗蛋白质含量和降低粗脂肪含量，大幅增加粗淀粉和粗纤维含量，增幅分别达到12.4%和62.5%。与其他构型措施不同，塑料土体构型粗纤维含量明显增加，对于提高青稞籽粒的品质是不利的。

有机无机土体构型，在砾石体砾泥土和砂黏土两类体型低产田上试验，青稞和小麦籽粒品质都有所改善，营养成分有不同程度的增加。砂黏土有机无机土体构型，青稞籽粒粗蛋白质、粗脂肪含分别增加了51.5%和2.7%，粗淀粉含量减少了4.5%。砾石体砾泥土有机无机土体构型，小麦粗蛋白质、粗脂肪、面筋、粗淀粉含量分别提高了3.5%、61%、16%、2.5%，粗纤维含量下降了43.8%；青稞籽粒粗蛋白质、粗脂肪含量分别提高24.9%、25.2%，而粗淀粉和粗纤维含量分别降低了3%和43.8%。

筛石土体构型，这项措施仅在砾石含量比较多的砾石体砾泥土上进行了试验。试验结果表明，小麦籽粒粗蛋白质、粗淀粉含量分别提高了12%和2.2%，粗脂肪和面筋含量分别降低了14%和11.6%，这与其他砾石体砾泥土人为土体构型试验结果均不相同。青稞籽粒粗蛋白质、粗脂肪含量分别提高48.6%、26.7%，粗淀粉含量降低了8.6%。

筛石有机土体构型、筛石有机无机土体构型、筛石无机土体构型、筛石秸秆土体构型、筛石秸秆无机土体构型，都能不同程度地提高小麦粗蛋白质含量（20%～42%）、粗脂肪含量（1.6%～7.3%）和面筋含量（14.7%～16.8%），降低粗纤维含量（37.5%～60%）；也都能不同程度地提高青稞籽粒粗蛋白质含量

（12.6%～43%）、粗脂肪含量（10.5%～31.9%），降低粗淀粉含量（37%～60%）。

以无机促有机土体构型，小麦籽粒营养成分含量明显提高，品质改善。其中，粗蛋白质、粗脂肪、面筋、粗淀粉含量分别提高了26.2%、20.9%、69.8%和3%；而对青稞籽粒品质的影响相对较小，其中，粗蛋白质含量下降3.8%，粗脂肪和粗淀粉分别增加了5%和2.3%。

生物土体构型，比土体原型土壤相比，小麦籽粒营养成分含量有较大幅度的提高，其中，粗蛋白质、粗脂肪、粗淀粉、面筋和粗纤维含量分别增加了36.2%、28.7%、11.1%、14.8%和33%；青稞籽粒粗蛋白质、粗淀粉含量分别提高34.9%和6.7%，粗脂肪含量下降了1.5%。

3.3.7　人为土体构型改造低产田试验结论

西藏自治区耕作土壤有高山草原土、亚高山草甸土、亚高山草原土、山地灌丛草原土、灰褐土、褐土、暗棕壤、灰化土、棕壤土、黄棕壤、黄壤、红壤、赤红壤、砖红壤、草甸土、潮土、灌淤土、水稻土、新积土共19个土类，61个亚类，181个土属，1 000多个土种。对这1 000多个土种按体型结构可划分出42个土体构型，再对42个土体构型做进一步归并，归并为通体粗骨一致型、砂石底部一致型、中间层一致型、三段型和通体较均匀一致型等5种土体构型；在这5种土体构型中，粗骨型、漏肥水底型、均质型3种低产田面积最大。针对上述低产田土体构型采取人为土体构型改良措施进行试验研究，所得结果与结论可供农业科技工作者参考。

首先，着眼人为构建疏松且营养丰富的表层（活土层）、其下是紧实又通透的托肥托水保持层的土体构型；这样的土体构型既能改善低产田土壤物理性状，例如降低土壤容重、比重，增加土壤孔隙度，调控毛管孔隙和非毛管孔隙比例，增加团粒结构含量，提高微生物活性。土壤物理性状的改变，又促进化学与生物学反应，促进土壤养分转化，提高速效养分含量。这样既可改变土壤体型又能增强土壤体质，使水、气、热、肥等肥力因子相互协调，抵御外界不良环境能力增强，从而综合提高土壤肥力。也就是说，通过人为土壤土体构型，提高土壤肥力以满足农作物生长发育的要求，不仅作物产量增加，而且提高农产品品质，改善粮食营养成分。

人为土体构型改造低产田、建设高产田这在全国也是十分少见的，实践证明这一措施在旱地、旱田、水田、高山田、平地田均具有见效快、增产幅度大的优点。下面分别对不同土体构型在低产田土壤改良上的适用性进行讨论。

3.3.7.1　生物土体构型

生物土体构型措施适用范围广，在各种土体农田都可采用，在各种低产田上都可实施，尤其是土壤板结、紧实，物理性状不良、严重缺少养分农田以及资金投入少、化肥供应不足的地区可优先采用。在均质黏土、水热条件比较好但多年有机肥用量不足的大片面积低产田上，改善土壤物理、化学性状快速、速效养分含量提高显著，农作物籽粒中营养成分增加、农产品品质整体提高。生物土体构型投入较少，操作简单、便利，值得推荐在改造低产田、建设高产田中优先使用。

3.3.7.2　筛石土体构型

筛石土体构型一次投入大、数年才能收回成本或有收益，但它能一次性地彻底解决农田多砾石生产障碍因素，是长久增强土地生产能力之大计；再配合增施有机肥等措施，筛石土构型可以立竿见影地收到改造多砾石低产田的成效。总之，这一构型适用于耕地较少、土壤中砾石含量较多的田块，从长远角度考虑只要财力允许可以选择使用。

3.3.7.3 有机土体构型

有机土体构型，也是常规的农耕技术措施中最常用的措施，它广泛用于各种低产农田，其主要技术内容就是每年给农田增施有机肥；多施肥地就肥，施肥及时、施肥得当，施肥效率就高。当然，这一措施应用的前提是有肥可施。

3.3.7.4 塑料土体构型

塑料土体构型措施是针对漏肥漏水的砾石底型、砂质底、砾砂底、砂泥底、砂心型等低产田，人为地制造托水托肥层的特殊措施。这一类型在某一深度层次下垫塑料薄膜隔水隔气，因此有利也有弊。当地表及耕作层水分状况适中时，塑料薄膜层能抑制水肥下渗流失而供给农作物吸收利用，促进农作物生长；当地表或耕作层水多时，农作物根系受到淹渍，呼吸困难，甚至腐烂，农作物生长发育受到危害。另一方面，当连续多日无降水时，塑料薄膜层以上水分因蒸发而减少，其下的水分被阻隔、不能传导至根系层，农作物吸收水分困难而生长发育受到严重影响，结果不仅农产品产量大幅度减少，还会使农产品品质下降。

因此，塑料土体构型的使用受到限制，一般仅限于在有灌溉条件的漏型农田上使用，总体而言不宜大面积推广应用。

3.3.7.5 垫黏土土体构型

垫黏土土体构型是专门用于改造漏肥漏水类型低产田的措施，主要技术是针对砂质低产田人为地在地面以下40 cm左右深处构建保肥保水黏土层。试验结果证明，垫黏土土体构型是有效治理和改造漏肥漏水各类低产田的技术措施，不仅直接排除漏水漏肥障碍因素，还能增加耕作层含水量，提高耕作层土壤温度，促进土壤水、气、热关系协调，加快土壤化学、生物转化，提高速效性养分的含量，从而促进农作物生长、提高产量和改善农产品营养品质。而且从土体结构看，土体内的层次性更合理，人工构建的黏土层能吸持地下水并将其传输至耕作层以弥补地表蒸发造成的水分损失，在此过程中，下层土壤中的养分可随水运移至作物根系层供作物吸收利用；当上层土壤含水多时又能渗透下去而不至积水，人为构建的黏土层能较好地协调耕作层水分和养分状况，更好地满足作物生长发育需求。

垫黏土土体构型一次性投入多，改土作用明显，增产增收幅度大，很快会收回投入成本并获利，而且一次投入多年受益甚至一劳永逸。

因此，垫黏土土体构型措施可在所有漏肥漏水的低产田推广使用，并把好施工质量关，以彻底解决漏水漏肥的问题。

3.3.7.6　秸秆土体构型

试验结果表明，秸秆土体构型适用于各种类型的低产田改良，特别是西藏自治区各地有机肥均不足，秸秆土体构型能较好地解决有机肥肥源不足问题，其适用范围几乎与有机土体构型相同。秸秆土体构型能降低土壤容重、比重，增加土壤孔隙度，提高土壤含水量，降低土壤温度，增加速效养分含量，提高农作物产量、改善农产品品质。

秸秆土体构型简单易行，投入小，效益稳定，缺点是效果持续年限较短，常年秸秆还田效果较好，应该全面普及应用。

3.3.7.7 有机无机土体构型

有机肥与化肥联合施用，从构型角度看就是要在土体内人为制造一有机无机土体层，适用于各种低产田，对各类土体构型改良均有效果。有机无机土体构型措施主要技术内容是把有机肥施到的 0~30 cm 或 0~40 cm 土层以制造有机层，把化肥施在 0~10 cm 土层，使作物的根系随生长时期变化在不同层次吸收不同数量的养分。

有机无机土体构型较简单易行，能全面、合理、快速地制造出适宜农作物生长的土体构型，能有效改善低产田土壤的物理化学性状，增加土壤养分含量，促进作物高产、改善农产品品质；投入资金少，而收益大且见效快。所以，有机无机土体构型是改造低产田、建设高产田的首选技术措施。

3.3.7.8 以无机促有机土体构型

以无机促有机土体构型是先施用化学肥料，在获得较多有机体秸秆后，再把因施无机肥增收的秸秆转化成有机肥施入土壤以改良土壤的不良性状。以无机促有机土体构型正常投入而没有额外投入，只是在作物收获时留高茬，再进行正常的秋耕和秋灌，施肥和作物收获留茬操作不同。以无机促有机土体构型的作用和效果仅次于生物土体构型，同样能较大幅度改善土壤物理性质，协调土壤水、气、热等肥力因子关系，促进土壤中养分转化，以更好地满足农作物对养分的需求，提高农产品质量。

以无机促有机土体构型，先投入无机化肥通过农作物生物作用变成有机物质，再将这些有机物质作为有机肥投入土壤中，不仅节省了资金，也节省了工作量，简便易行，适合在低产田上使用，有利于将低产土体改造成高产土体构型。

3.3.7.9　无机土体构型

　　无机土体构型是常用的肥料撒施、穴施、耕施、耙施和深施化肥措施或这些措施的组合，要强调的是，这一构型单施化肥而不施用有机肥料。目前，生产上以化肥撒施在地表后再灌水的方式较为常见。从构型角度讲，用无机化肥制造一个土体层次，对于任何土壤都有一定的增产作用，而且见效快、增产幅度也较大，但这一效果不持久；土壤物理性质得不到改良，长时间使用还有可能破坏土壤物理性状，因此不提倡这一技术大面积推广。这一措施更多地考虑短期效果而考虑长远效益不够；生产上既要培肥地力，又要作物高产，还要改善农产品品质，所以不提倡生产上广泛使用无机土体构型。

3.3.7.10　筛石基础上的有机、秸秆、有机无机、秸秆无机土
　　　　　　体构型

　　这是针对土层中砾石较多的粗骨性农田采取的"大手术"，投入大，多项措施相互配合。筛除砾石单项措施提高农田作物产量作用不大，但投入大，措施实施后几年都收不抵支；为此需要采取综合措施，在筛除砾石的基础上增施有机肥、秸秆肥、化肥，尽快提高土壤肥力，以提高农作物产量和改善农产品质量。对于人多地少、农田耕作层砾石较多的地方，采取筛除砾石、再增施有机无机肥料构建土体构型的方法，是有效排除农田土壤低产因素的首选；这一方法效果持续时间长，在具备水力、电力条件的地方筛除土中石砾是可以做到的，而这样的农田不除砾石是很难利用的。因此，筛除砾石是该类型农田土壤实现高产高效首要程序，随之配合其他的物质投入和改良措施，将会收到预期效果。

　　总之，通过调查和分析耕地土壤土体构型，找到低产田不佳土体构型，试验探索制作适宜农作物生长的最佳土体构型，建立构建

最佳土体构型的技术与技术体系，在我国土壤研究方面是一项创新。随着人口数量不断增加，耕地资源日益紧缺，同时，技术的进步向荒漠、向砂滩、向非耕地要粮成为可能，而本研究提出的土体构型技术为此开辟了新领域、新途径，可资今后参考并在实践不断发展与完善。

3.3.8 关于良好土体构型标准的探讨

人为土体构型构建的目的在于创造适合农作物生长并能够达到高产优质目的的土壤条件。

一般农作物约有65%以上的根系分布在0~20 cm耕作层，根系的25%~30%分布在20~50 cm土层，只有少量根系分布在50 cm以下土层。由于0~50 cm厚度土层分布着农作物根系绝大部分，所以本研究把构建的土体构型的厚度定在0~50 cm。也就是说0~50 cm土层土体构型的好与坏，直接影响和决定着农作物生长的优劣。

良好的土体构型其土体内应有一定的土层组合格局，不同层次土壤的颗粒大小、比例、分配恰当，通透性能适宜。一般是表土层深厚而疏松，富有毛管大孔隙；中间层适当紧密，富有较细孔隙，使土体上下层保持适量的水分、空气和较为稳定的温度状况以满足作物需求。表土层疏松有利于灌溉、降水时接受水分，减少地表径流和蒸发的损失，还有利于气体更新和热量传递。当水分渗入下层时，非毛管大孔隙充满新鲜空气，有利于好气性微生物活动和有机物分解，释放出速效性养分，水、气、热环境适中还有利于种子发芽及作物苗期生长和发育。

较紧实的下层能保持上层渗漏下来的水、肥，从而蓄积大量的水分和养分，以保证源源不断地供应作物生长。蓄积的水多、气少，土壤的热容量增大，能抗御外界气候突然降温造成的霜冻危害。较紧实的中间层水、气共存，微生物十分活跃，有机物转化快，水、肥、气、热协调，能够随时适量地满足农作物的需求。

在拉萨市林周县甘曲乡亚荣村上等田的试验结果表明，水、热、气、肥状况良好的肥沃土壤，孔隙与固相颗粒体积的比例接近于1∶1，水分与空气体积比例也接近1∶1，详细数据如表3-45所示。

表3-45　土体构型中孔隙度与紧实度调查

层次	土层深度（cm）	总孔隙（%）	通气孔隙（%）	水分含量（%）	紧实度
表土层	0~20	45~55	10~25	8~12	疏松
深表土层	20~30	40~45	10~20	10~18	稍紧
心土层	30~50	30~40	6~15	15~20	较紧
底土层	50以下	35~45	5~10	14~20	坚实
	全层平均		7.75~17.5	11.75~17.5	

根据试验调查数据掌握较好土体构型的主要指标，再人工创制、制造出高产稳产的土体构型，就可以提高整个农业生态系统的生产力。为此，改良土体构型就是要调整土体内部物质数量和质量，人为地控制土体内各层次的组合及排列形式，创造适宜农作物生长发育的土体构型。

在进行人为土体构型中，有机质具有不可替代的作用，除了提供植物营养物质外，其腐殖质又是良好的土壤团粒胶结剂；有机质含量高的土壤有利于团粒结构形成，提高孔隙度、降低容重和比重，增加水分含量。

3.3.9 土体构型研究对提高耕地生产力的贡献

土壤是人类生存所需物质和能量来源的基地，为了从土壤中获取更多的物质和能量、满足生存所需的各种优越条件，人类采取各种措施千方百计地提高土壤肥力。随着人口不断增长，人均占有耕地面积不断下降，随着社会的发展，人类对物质和能量的需求越来越多、质量要求越来越高，这就要求耕地提供物质的数量不断大幅度地增加。

人类为了达到从土壤中获取更好、更多的生物质和能量并保持持续高产的目的，不得不从多方面开展研究以不断提高土壤肥力；本研究探讨从土体构型角度提高土壤肥力的可能性及其技术措施。土体构型改良措施实施后农作物穗数、穗粒数、千粒重等显著增加，产量随之大幅度提高（图3-20）。

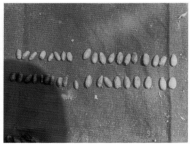

图3-20 改造土体构型前后作物性状对比

3.3.9.1 改造低产田的效果

低产土壤阻碍植物生长的因子很多，虽然这些障碍因子内容各不相同，但都会影响土壤水、肥、气、热的协调，而改造障碍因子、人工创制土体构型都是为了调节水、肥、气、热以使之更加协调。人工创制土体构型技术从1992年开始应用，共改造低产田38万多亩，增产粮食4 680万kg以上，平均每亩增产123 kg，在西藏自治区粮食生产中起到了重要作用。

3.3.9.1.1 板结田、黏土田的土体构型

砂姜田、黏土田、板结田、干裂田的突出障碍因子是土壤结构紧实，通透性不好，气少，无效孔隙多，降水多时地表现出滞水现象，长时间渍水农作物的根系在嫌气条件下会腐烂致死；或因土壤结构紧实、干旱缺水，农作物根系伸展不下去，集中分布在较浅的表土层。这样的农田易旱易涝，虽然总面积不大，但在西藏随处可见、分布广泛。

此类低产田用生物土体构型、有机土体构型、秸秆土体构型、以无机促有机土体构型改良一般效果都比较好，这是因为改良后土壤中有机物数量增加，施入土壤的生物残体等有机物腐解后形成腐殖质，腐殖质等有机胶体与土壤中铁、铝、钙、镁无机胶体一起作为胶结物质，将土壤颗粒联接成微团聚体等有机无机复合体。复合型团聚体水稳性高，土壤结构性好，疏松，土壤通透性改善，使土壤气、热、水三者关系由不协调变得协调，促进了养分有效化，进而提高了土壤肥力。低产田用上述几种土体构型改造后作物产量成倍增加，有的甚至增加2～3倍，并且增产效果持久。

3.3.9.1.2 漏肥漏水田的土体构型

此类砂土田、薄土田、砂心田、砂底田、砾底田等低产耕地出现局部甚至整块地漏肥漏水现象，地上农作物色黄株矮、长势明显劣于周围田块；春播时土壤干热，墒情适宜时出苗快，但不抗旱，作物生长中后期易脱肥脱水。主要原因是这类低产田土体过松，非毛管孔隙多，保肥保水能力差，应采用垫黏土土体构型或掺黏土土体构型进行改良效果较好。这是由于，垫黏土或掺黏土能够降低土壤的非毛管孔隙数量，增加毛管孔隙数量，提高持水能力使含水

量上升，空气容量减少，尤其是用垫黏土土体构型进行改良，在30 cm以下土体中可形成一人工紧实层，该坚实层的吸持作用能阻止水分和养分向下流失，提高整个土体的保水保肥能力，使土壤肥、水因子更好地发挥作用，促进农作物生长以形成较高的生物学产量。

垫黏土土体构型改良措施一次性投入大，受益时间长，效果持久稳定，增产幅度一般在70%左右，好的地块能增产1倍以上。

3.3.9.1.3 多砾石田的土体构型

多砾石田块多分布在山区洪冲积阶地、扇缘地、河谷的河流冲洪积阶地或河滩地上，这种耕地耕作极不方便、易损坏农机具；而且影响农作物根系下扎使其生长发育不良。这类低产田的主要障碍因子是土壤中容水、容气孔隙少，粗骨性强，春季表土热燥易旱。多砾石田改良措施是在用筛除石砾的基础上增施有机肥、秸秆肥，即用筛石有机无机土体构型、筛石秸秆无机土体构型效果好；筛除的0~40 cm耕作层土壤中大于2 cm的砾石要运出田块，除去石砾后该土层的容水、容气孔隙数量增加，一般要增加20%以上，20 cm以下土层的土壤温度、含水量提高10%以上。石砾低产土壤改良后作物根系数量增加，且下扎得更深，能够充分利用耕作层土壤的肥、水条件，生物产量一般提高1倍以上。多砾石田筛石有机土体构型、筛石有机无机土体构型、筛石秸秆土体构型能彻底解决农田土壤中的砾石障碍，使耕作层土壤变得疏松绵软、肥力大增，使作物增产、生产增收，长期受益。

3.3.9.1.4 缺养分田的土体构型

缺养分型低产田的主要障碍因素有：一是连年种植不施肥，土壤养分只支出或多支出而少收入，使地力逐年下降；二是施化肥多、施有机肥少，土壤的基础被弱化；三是多年连续种植同一种作物，农作物选择性地吸收同一养分使某些营养元素减少等。这类低产田核心问题是作物必需的营养物质不足和养分元素间不平衡、不协调，其面积较大、约占西藏自治区总耕地面积60%左右，严重制约当地粮食产量的提高。

这类低产田应采用有机无机土体构型配合测土配方施肥技术进行改良。要有针对性地配制有机无机土体构型、生物土体构型；一方面增加有机物料的投入，另一方面根据测土结果针对性地补施大量和微量元素化肥。要以人为构建0~20 cm无机肥、20~40 cm有机肥层为主，形成0~40 cm有机无机全层，使速效养分与迟效养分相互配合，以及时满足作物不同生长发育阶段对养分的需求，提高农作物吸收和利用有机无机养分的能力。缺养分田的有机无机土体构型增产幅度大，一般产量增加1倍以上，是比较快速又简单的土体构型改良措施，很容易推广和应用。

3.3.9.1.5　干旱田的土体构型

干旱型低产田在西藏自治区耕地面积中约占40%，每年3—5月旱情较普遍，常因无法灌水和无自然降水而无法播种或播种不及时。强行播种会出不齐苗，苗的长势弱，是西藏自治区农业生产的限制因素之一。

采用有机土体构型或秸秆土体构型能较好地改善农作物正常生长状况，提高其生物产量；这一土体构型以肥蓄水、以肥保水，可使土壤墒情明显改善。通常做法是在作物收割后，把有机肥或秸秆肥施入田里，耕翻深30~40 cm，随即进行秋灌或冬灌，使施入土壤的有机肥或作物秸秆利用农闲季节吸足水分供翌年春季春播使用，是利用闲水保墒抗旱的有效措施。对于缺少灌溉条件干旱农田而言，一般增产50%左右；为此有机土体构型、秸秆土体构型改良土壤技术受到干旱区广大农民的欢迎。

3.3.9.1.6　盐碱田的土体构型

分布在湖泊周围、石灰岩地带或内涝排水不畅地块的土壤多呈盐碱性，在西藏自治区面积不大，但它较难治理、不宜进行生产发展，属低产田。这类低产土壤的主要障碍因子是阳离子的，例如钙、镁、钠、SiO_3^{2-}、CO_3^{2-}、HCO_3^-、Cl^-等，土壤结构很不稳定，遇水后分散为单粒，使土壤致密、板结、通透性差，呈碱性反应的有害离子腐蚀作物根系，使农作物吸收不到肥水而停止生长。

生物土体构型治理这类低产田效果很好。通常做法是春播时按每亩10 kg箭筈豌豆干种子泡涨后混0.5 kg高秆油菜种子的用量，及时播种；当油菜和箭筈豌豆长到1 m高左右时，用拖拉机收割并将鲜嫩植株秸秆切碎及时耕翻到耕作层内，再灌透水使其腐烂，在此过程中会生产大量的有机酸、腐殖酸，土壤中碱、盐被中和后，pH值降低；同时产生大量土壤腐殖质。腐殖质是良好的胶结剂，在电解质尤其是钙离子存在的条件下，产生凝聚作用，代换碱性土中的阳离子，形成团粒结构，改良土壤物理性状，土壤空隙增多、变得疏松，增加了作物需要的养分物质，也改善了土壤中水、气、热的关系，提高了土壤肥力，使盐碱土作物产量成倍增加。

盐碱土进行生物土体构型改良后，可根据当地气候热量条件，选择种植一茬早熟作物如油菜或早熟青稞或荞麦等，当年即可获得收益。如果当年收益不成，可以进行"一、三轮作"，即一年生物土体构型改良、三年轮作青稞或小麦，均可使这类低产田得到较好的改良培肥。

3.3.9.1.7　低温田的土体构型

西藏自治区低温低产田面积不大，主要分布海拔4 200 m以上的高寒地带，这些高寒地带年平均气温在3℃以上，无霜期约100 d。低温是低温田农作物生产的主要限制因素，农作物主要以早熟春青稞、早熟油菜、荞麦为主，产量都不高。

采用有机土体构型改良低温田有较明显效果，具体做法是选择深色的腐熟牛粪、羊粪、马粪、腐殖质、草炭、泥炭有机肥，掺入适量的尿素和磷肥混拌均匀，施到耕作层。这一措施不仅可以直接给农作物提供养分，更主要的是黑色有机肥吸光吸热，能够改善土壤的物理性质。例如增加热容量和提高热传导能力，可使地温提高2℃左右，促进土壤中营养物质转化、增强微生物活性，从而提高农作物对养分的吸收利用率，促进农作物生长发育，一般亩产可提高30%~50%。

3.3.9.2 人为土体构型在建设高产田中的作用

人为土体构型技术用于改造低产田，可协调土壤水、气、热、肥间的关系，促进土壤中原有有机物质和无机物质转化，提高土壤供肥、供水能力，同时，提高了作物对养分利用率，从而使低中产田农作物产量成倍增加变成中产田，再有目的地进行土体构型，使中低产田变成高产田。

（1）林周县甘曲乡亚荣村281亩冬小麦中产田变高产田 1992年9月小麦亩产307.5 kg，1993年9月进行有机无机土体构型、以无机促有机土体构型改良，1994年9月小麦亩产达418 kg，比1992年小麦亩产307.5 kg增产50%。1994年9月、1995年又两次进行有机无机土体构型、以无机促有机土体构型改良，1996年8月林周县政府组织技术人员现场测产，结果亩产达792 kg，比土体构型改良前的307.5 kg增产了1.4倍。

林周县多吉次仁家的15亩中产田经连续几年土体构型改良，亩产由原来的300 kg增长到1996年亩产748 kg，增长1.49倍（关树森，2007）。

在较大面积中产田应用，创造了有史以来高产纪录，证明人为土体构型技术改造中低产田、建设高产田是切实可行的。

（2）林周县甘曲乡美娜村292亩中产田变高产田　美娜村南进村路东有292亩小麦田，常年亩产量在250 kg左右且不稳定。1992年春进行以无机促有机土体构型改良，1993年进行有机无机土体构型改良，1994年又进行以无机促有机土体构型改良，结果几年连续增产。1995年拉萨市政府和林周县政府联合组织专业技术人员对田块测产，292亩青稞平均亩产593 kg，创造了西藏自治区有史以来青稞大面积高产纪录，比人为土体构型改良前的250 kg增产1.2倍。

（3）林周县甘曲乡卡多村104亩低产田变中高产田　林周县甘曲乡卡多村104亩低产田多年平均亩产65 kg，不得不准备废止农作物种植。1993年春进行生物土体构型改良，做法是将甘孜333箭箸豌豆与高介酸（高秆）油菜混播后，7月下旬留高茬收割，收获的地上部分做饲料，根茬拖拉机耕翻、翻压后灌水，1993年秋播种冬小麦，1994年小麦收获、平均亩产达360 kg，比生物土体构型改良前增产4.4倍，该田块由低产田一跃变中高产田（图3-21）。

图3-21　林周县甘曲乡卡多村104亩低产田，通过生物土体构型、以无机促有机土体构型，亩产青稞由1992年的65 kg一跃到1994年亩产360 kg，比土体构型前增产4倍之多。自治区江河办和拉萨市政府领导到现场参观

（4）山南地区乃东县土壤改良低产为高产　1996年，乃东县昌珠乡和结巴乡、扎朗县扎其乡共4个村16户农民采用有机无机土

体构型技术改良土壤，改良后种植9011品种小麦，秋后实打实收有9户23.1亩小麦平均亩产800 kg以上，另外7户90多亩小麦平均亩产达到700 kg以上（图3-22和表3-46）。

图3-22 山南地区乃东县昌珠乡280多亩低产田，经过以无机促有机土体构型、生物土体构型和有机无机土体构型，冬小麦由1994年亩产200 kg猛增到1996年亩产800 kg。自治区江河办杨松主任、山南行署平措副专员、乃东县领导现场参观

表3-46 有机无机土体构型技术改良土壤小麦收获及其产量情况

地点	农户	面积（亩）	总产量（kg）	单产（kg/亩）
	边马次仁	2.5	2 100.0	840.0
	尼玛次仁	2.8	2 296.0	820.0
	罗布	7.0	2 700.5	817.5
	嘎多	2.3	1 876.5	816.0
	尼姆	2.0	1 632.0	816.0
乃东县昌珠乡克松村	多吉	2.0	1 630.0	815.0
	尼玛卓玛	3.0	2 443.5	814.5
	巴桑次仁	1.0	810.0	810.0
	多多	8.4	6 622.5	770.0
	达娃	7.0	5 287.5	755.0
	索朗多吉	8.4	6 342.0	755.0

（续表）

地点	农户	面积（亩）	总产量（kg）	单产（kg/亩）
乃东县昌珠乡克麦村	嘎玛	4.0	3 080.0	770.0
乃东县结巴乡桑日夏村	索朗多吉	4.95	3 500.0	707.0
	嘎玛	5.58	3 906.0	700.0
	村委会集体	1.5	1 050.0	700.0
扎朗县扎其乡	一村益西家	0.5	437.5	875.0

除上述土体构型创造的高产田典型，还有304亩农田亩产超过400 kg，其中的80亩亩产500 kg以上。这些事例生动地说明人为土体构型改良能把低产田变成中产田、中产田上升为高产田，与改良之前相比亩产增加1~4倍。

3.4　土体构型研究结束语

人为土体构型就是改善耕作土壤内的水、肥、气、热诸因素间的关系，使之协调合理，各自发挥最佳效益。在构型改良过程中，土壤微团聚体起决定性的作用，而有机质数量和质量又决定着土壤团聚体的性质及数量；抓住土壤有机质这一重点，改善土壤微团聚体状况，通过改造耕地土壤的构型、提升土壤体质，就能提高土壤肥力。

所以，在任何时候、任何情况下，要想提高农田土壤肥力、增加耕地作物产量，就要抓住提高土壤有机质含量（土壤重要组成之一）这一工作重点。改造土体构型是提高土壤肥力的一种重要手段或重要途径，也要解决好增加有机质来源和提高有机质质量问题。相信随着科学技术的发展，人们会有更多更好的办法去提高耕地单位面积产量并改善农产品品质。

　　本研究在土体构型改良、提高低中产田土壤肥力使作物产量大幅度增加方面取得了令人满意的效果，国家信息库科技查新报告也载明是国内外首创，但由于工作方面的原因，当年这一成果没有获得更多、更高层次科技奖励。但这一成果的科学意义与实用价值并未受影响，多年来在低产田改造中得到广泛应用，由此使西藏自治区大面积中低产田得到改良并创造了高产历史纪录。近年来，全区粮食总产首次突破100万t，农业生产有了长足的进步，其中就包含着本研究成果的贡献，本项成果也获得了原农业部农牧渔业丰收奖一等奖。

第四章

21世纪利用水、热、光资源提高农田土壤效益研究

进入21世纪后，随着科学技术发展、科学技术理念的提升，人们转向遵循自然规律、合理利用自然资源发展生产。据现有资料可知，西藏自治区具有独特的自然资源优势，如何开发利用这些自然资源、发挥其优势为当地生产服务是新时期科技工作者的职责。

西藏自治区共有18万hm²耕地，其中16万hm²分布在江河两岸；这些分布在河流两岸的农田地势相对平坦，水、热、光条件也相对较好。据西藏自治区历年气象资料，全区平均大于等于0℃年积温在2 800℃以上（表4-1），这一热量条件种植一季农作物有余、两季不足，且这样的地方很多。为此，利用一季农作物生长剩余的气候资源生长出更多的生物量，用于中低产田改造和高产田建设，是推进西藏农业可持续发展的一条重要途径。

为此，本部分主要研究内容为充分利用水、热、光资源，发挥土壤资源生产潜力以获得更大效益；具体措施是在农作物生长的中后期套复种生育期较短的作物，充分利用一季农作物不能利用的水、热、光资源，以获得更多的土壤资源产出效益。

这里充分利用剩余水、热、光资源产生的效益主要产生于两大方面。

第一，直接增加的经济收益。即一年两收，在收获正常农作物

的基础上又收获一季其他作物。例如畜牧业所需的饲草，或一季早熟作物，或一季经济作物，或一季蔬菜，或两季经济作物，两季粮食作物。第二次收获农产品的产值可能比第一次正常收获的要高，甚至高出几倍。

第二，培肥土壤，提升地力。利用第二季作物的根系、残体，增加土壤的有机物数量。例如套种、复种牧草或绿肥直接提高土壤有机质和速效养分含量，促进农田土壤肥力大幅度提高，为下一茬作物种植获得更高产量和收益奠定基础。

4.1 粮食作物套复种提高农田土壤产出效益

4.1.1 冬青稞冬小麦套种箭筈豌豆混高秆油菜

在西藏冬青稞、冬小麦种植面积较大，且绝大部分种植在中高产田块。套种箭筈豌豆有利于利用冬青稞、冬小麦生长收获后剩余的水、热、光资源再收获一茬作物以提高生产效率，既增加了经济效益，也可生物培肥土壤，使资源得到高效持续利用。

在每年的5—6月初冬青稞、冬小麦扬花时，按每亩10 kg箭筈豌豆种子用清水泡涨后混1 kg高秆油菜种子的用量，搅拌均匀撒播到田内，随后大水灌透；当冬青稞7月、冬小麦8月成熟后及时收割，留茬高20 cm，这一茬高正好是当时箭筈豌豆和油菜的株高，把小麦和青稞运出田间，不让牲畜进地。至9月收割油菜豌豆混播青秆晾晒或青贮，可收获2 000多kg优质饲草用于畜牧业发展；留油菜豌豆茬高20 cm，耕翻，然后浇透水，以增加土壤有机质含量。10月初正常冬播或翌年春天春播。耕翻到土壤中的箭筈豌豆和油菜残体在秋灌水和秋余水、热的条件迅速腐烂，形成腐殖质，加上箭筈豌豆的根瘤固氮作用，土壤肥力得到大幅度提高，详细测定数据如表4-2。耕作层土壤孔隙度增加38%，含水量增加80%，温度提高15%，有机质含量提高60%，速效氮含量提高295%，增加近2倍，速效磷含量提高157%，速效钾含量提高118%。这一措施迅速改善土壤物理性状，在不增加化肥和其他投入的条件下，翌年作物可增产30%以上；通过对水、热、光等资源的进一步利用，既增加了收益又培肥了土壤。

4.1.2　春青稞、春小麦套复种箭筈豌豆

　　春青稞、春小麦套种复种油菜豌豆混播与冬青稞、冬小麦套复种箭筈豌豆混油菜的方法一样，只是复种的油菜和豌豆在田内生长时间相对短一些，收获的饲草量也相对少一些。这一措施的效果也是增加了一茬饲草的收获又培肥了地力，为下年粮食增产奠定了基础（图4-1）。

图4-1　春青稞复种箭筈豌豆，既增加牧草又增肥地力

表4-1　西藏自治区农区可再利用水、热、光资源统计（2007年）

项目地区		拉萨	昌都	山南	林芝	日喀则	合计	全区	占比
海拔（m）		3 648.7	3 306	3 551.7	3 000	3 836			
播种面积（khm²）		35	47.89	29.8	18.59	85.35	216.63	228.23	94.9
粮食总产（t）		173 960	171 764	144 541	79 206	346 042	915 513	938 634	97.5
平均气温（℃）	7月	15.1	16.1	12.4	10.9	12.3			
	8月	14.3	15.3	11.9	11.4	11.5			
	9月	12.7	13	12.9	11.1	12.9			
	10月	8.2	8.2	15.3	12.3	16.4			
	平均	12.6	13.2	13.1	11.4	13.3			
≥10℃积温（℃）	小计	2 116.9	2 040.6	2 262.8	2 262.8	1 821.4			
	全年	2 887.6	2 924.7	3 057.0	3 134.2	2 566.4			
	占%	73.3	69.8	74.0	72.2	71.0			
平均降水量（mm）	7月	129.5	106	115.8	116.7	131.2			
	8月	138.7	101	115.3	115.6	146.3			
	9月	56.3	72.2	57.3	100.6	58.8			
	10月	7.9	29.4	8.9	36.1	6.1			
	小计	332.4	308.6	297.5	369	342.4			
	全年	444.8	477.7	408.2	654.1	431.2			
	占%	74.7	64.6	72.9	56.4	79.4			
日照时数（hr）	7月	232.9	190.8	237.9	152.7	236.5			
	8月	229.4	194.3	232.0	162.7	224.3			
	9月	233.5	186.4	239.4	148.1	252			
	10月	271.8	196.2	257.4	182.5	294.7			
	小计	967.6	767.7	996.7	646	1 007.4			
	全年	3 007	2 293.1	2 938.6	2 022.2	3 240.3			
	占%	32.2	33.5	32.9	32	31.1			

注：《西藏统计年鉴》，2008年。

表4-2　冬青稞套种油菜豌豆混播农田土壤养分状况（2009年）

		有机质（%）	速效氮（mg/kg）	速效磷（mg/kg）	速效钾（mg/kg）	孔隙度（%）	含水量质量（%）	温度（℃）
对照	测值	1.5	76	7	110	47	10	19.5
	变幅	—	—	—	—	—	—	—
压青	测值	2.4	300	18	240	65	18	22.5
	变幅	60	295	157	118	38	80	15

4.1.3　冬青稞复种油菜

2009年3月1日在贡嘎县岗雄镇贡嘎村播种早熟春青稞品种主琼，播种量为15 kg/亩。播种时作为基肥每亩1次施入有机肥2 000 kg、尿素15 kg。正常田间管理。7月上旬至中旬青稞成熟，收割前4 d灌1次水，收割后运出田间。马上耕翻，播西藏自治区农牧科学研究所培育的早熟油菜，播种量为0.5～0.75 kg/亩，以机播效果最好，并配施一定量的化肥，此后正常田间管理，9月底至10月初油菜成熟及时收割。这样在亩收获青稞250 kg的基础上，增收油菜100～125 kg/亩，两季作物亩产值超千元，培肥土壤的效果也十分明显。

4.1.4　冬青稞或冬小麦复种西瓜

一般冬青稞、冬小麦是上年10月播种，翌年6月底或7月初收割，收获后到初霜的10月初共计2个月左右的时间。为有效利用这段时间的水、热、光资源，青稞和冬麦收割后马上耕翻，打1 m宽的大垄种植西瓜。西瓜品种可选择西北农林科技大学培育的早熟西瓜品种春雷或黑龙江香农种子公司培育的早熟品种西瓜。西瓜播种前种子用温水浸泡2 d。播种前配制西瓜专用肥，西瓜专用肥的配制方法是按牛粪60 kg、油渣15 kg、尿素5 kg、磷酸二铵5 kg、硫酸钾15 kg的比例混拌均匀。施用方法是在打好的大垄上每隔40 cm挖1个深30 cm的坑，施入专用肥与周围湿土混拌均匀后，按出深2 cm小坑，每坑施入2粒温水浸泡过的西瓜种子，再覆土约3 cm厚，然后在坑的一侧浇水，浇水水量要充足，水渗后覆白色透明地膜，地膜四周要压严土。7～10 d西瓜长出叶片，当叶片顶到薄膜时要及时开孔放苗，每孔留苗1株，瓜苗放出后用土把苗的根部薄膜压住；当西瓜长到5～6片叶时打尖定心促使其分枝，当分枝长到长约20 cm时再打尖，以后长出孙蔓开始结西瓜，其间及时除去杂草，当西瓜长到直径2～3 cm时要给蔓打尖，此后西瓜快速膨大，成熟时正值深秋时节，可以卖出好价钱。

冬青稞或冬小麦的后茬西瓜亩产约6 000 kg，收入约12 000元，这是在正常收获冬青稞的基础上获得的收益，而这一收益远远高于冬青稞的产值。这一技术有效地利用剩余的水、热、光资源，增加了收益，培肥了土壤。当然，冬青稞、冬小麦的后茬复种香瓜、哈密瓜也是完全可以的。

4.1.5　冬青稞、冬小麦复种大蒜

6—7月冬青稞或冬小麦收割后，可复种大蒜。大蒜要选择早熟、高产的品种，播种及时以抢抓农时。栽植前先翻地，再打成宽1.2 m的小区，整平，再在小区的一侧开深、宽均为7～10 cm的沟，沟要直且深浅一致；栽植时把大蒜头分开，在沟的两侧每隔10 cm摆1瓣蒜，每沟摆2行，行间撒施有机肥后覆盖土壤。所有小区栽植完成后再用耙子统一整平田面。有条件的可覆地膜，覆膜小区大蒜成熟得相对早一些、产量也更高。大蒜生长期间要及时除草和浇水。10月底收获大蒜，亩产一般在1 200 kg左右，与冬青

稞250 kg的产量相比产值更高。大蒜的收益一般是冬青稞的10倍以上，充分剩余水热光资源可谓获得双丰收。

4.1.6 冬青稞、冬小麦复种蚕豆

前一年秋季冬青稞、冬小麦要尽量早播，一般9月播种，翌年6月底就可收割，收割的作物要及时运出田块；收割前4 d浇透水，收割后进行耕翻打垄，同时对蚕豆种子浸泡催芽并及时播种，蚕豆播种量为25 kg/亩；播种后正常田间管理，10月初即可收割。一般每亩可收割蚕豆鲜植株4 000 ~ 5 000 kg，可用作优质的畜牧饲草。这项措施不仅获得饲草乃至经济收入，而且蚕豆根瘤固氮可以培肥地力，能大幅提高土壤中速效氮的养分含量，一举多得（图4-2）。

图4-2　冬青稞复种早熟蚕豆的根瘤较多，可固氮培肥地力

4.1.7 冬青稞、冬小麦复种雪莎

收割冬青稞或冬小麦前3 ~ 4 d给农田灌透水，收割冬青稞或冬小麦后马上耕翻，整地，机播雪莎种子5 kg/亩，以后正常田间管理，10月收割雪莎。收割时高留茬20 cm，收割下来的部分用作饲

草，一般每亩收割鲜嫩优质雪莎1 500 kg左右。除雪莎作牧草获得比较可观的收入外，复种雪莎还可以提升地力。这是因为雪莎属于豆科绿肥，其根瘤可固氮25 kg/亩左右，相当于亩施50 kg尿素，为下一茬农作物种植奠定了良好的肥力基础，而这一效益是充分利用剩余土、水、热、光资源获得的（图4-3）。

图4-3　冬青稞复种雪莎，粮饲双丰收，亩产雪莎2 000多kg，时任自治区政府副主席、山南行署副专员、西藏农牧科学院领导到现场参观

4.1.8　冬青稞、冬小麦复种玉米或燕麦

为了提高土壤墒情、确保复种的玉米或燕麦出齐苗，在收割冬青稞或冬小麦前3～4 d给农田灌水，冬青稞、小麦收割后立即耕翻，整地，播种玉米或燕麦。玉米和燕麦种子要提前2 d浸泡催芽，播种量玉米5 kg/亩、燕麦10 kg/亩，苗期需追施化肥1次，其他管理同一般农田。至10月玉米可长到株高150～160 cm，燕麦长到株高1 m以上，此时留茬20 cm收割，可收获鲜玉米青秆5 000 kg/亩、收燕麦鲜草2 000 kg/亩左右。再将青玉米或燕麦高茬翻压到土中使之转化为土壤有机质，可在获得一定数量的优质饲草的同时培肥土壤（图4-4至图4-5）。

图4-4　冬青稞复种燕麦，粮、饲双丰收

图4-5　冬青稞复种玉米、粮、饲双丰收

4.1.9　冬青稞、冬小麦复种荞麦或园根

　　冬青稞、冬小麦收割后复种荞麦或园根，同样需要在收割冬青稞、冬小麦前给农田灌水，收割后及时耕翻整地；尤其是复种园根需要把地整细，把田面打成畦，耙平耙细。撒播园根或荞麦种子后，再用铁齿耙将田面整平整匀，有条件用可再用碌子镇压1次，一般园根播种量为0.5 kg，荞麦播种量为5 kg/亩。当苗高长至10 cm左右时一定要拔除田间杂草。园根和荞麦都是极早熟作物，6月底播种，9月中旬便可收获。一般园根亩产4 000 kg左右（鲜重），晒干后得600 kg园根干，可喂1头牛200 d；荞麦一般亩产100 kg

左右。这两种复种的作物均有较好的产值，其复种形式值得推广应用。

4.1.10 冬青稞、冬小麦复种蔬菜

根据西藏各地水热光资源状况计算，利用种植一季粮食作物冬小麦、冬青稞或春小麦、春青稞、油菜等农作物后剩余的水、热、光资源，除种植生育期短的粮食和经济作物外，还可种植需水热光相对较少的蔬菜作物。

能够用于复、套种植的蔬菜有很多，例如大白菜、大萝卜、土豆、胡萝卜、菠菜、红薯等。一般在6—7月收割冬青稞、冬小麦，或者在7—8月收割春青稞、春小麦、早熟的油菜后即可复种生育期短的蔬菜。蔬菜一般在10月之前收获，从而使耕地产出效益大幅度增加，既提高了水、热、光资源的利用率，也提高了农田土壤资源的利用率。

4.2 经济作物套复种

4.2.1 大蒜套种西瓜

大蒜套种西瓜在国内外尚属首创。这一套种形式经济产值高达15 750元/亩，远超过传统小麦单作；小麦单作一般产量在300 kg/亩左右，按小麦单价1.8元/kg计，其产值约为540元/亩，仅为大蒜西瓜套种的1/29（表4-3）。可见科学利用土壤资源是农业增产增收的重要手段。

实行大蒜套种西瓜的地块以地势较高、平坦且有水源灌溉，质地以中砂壤为好。根据大蒜和西瓜两种作物套种要求，种植前进行整地。每年的9月底至10月初，最晚不能晚于11月中旬前进行大蒜

栽植和播种。

大蒜栽植前要准备好种子，作为种子的蒜瓣要浸泡15 min。按尿素17.5 kg、磷酸二铵37.5 kg、氯化钾7.5 kg的用量和比例混入4 000 kg优质有机肥中，作为1亩地的专用肥用量。

在田面按230 cm间隔划出若干条线，按线培出30 cm宽垄。栽植大蒜时在两条垄间开深沟约10 cm，沟的深浅要一致，再把浸泡过的蒜瓣按7～10 cm间隔两两对称地摆在沟内成两排，然后把将由有机肥混氮磷钾化肥配制而成的专用肥均匀地施在两蒜瓣行中间。1条垄栽植完毕后，再按20 cm间距再开同样的约深10 cm的沟，并重复摆大蒜蒜瓣成行。1个小区完成后依次栽种下一个小区，直至整个地块栽种完成后，依次耙平田面，再用石磙子镇压一遍。随后小水慢灌灌足水，最后覆膜、压土封严，并在膜上压一层薄土以防地膜被风吹起。

大蒜生长的适宜温度为12～28℃，与其他作物相比较耐低温，短暂的-13℃低温也不会被冻坏。11月大蒜出苗，此时要及时放苗。翌年的2月中下旬结合追返青肥灌1次水并及时除草；进入4月后大蒜苗开始抽薹，要及时抽掉蒜薹以利于蒜头生长，蒜薹亩产200～300 kg。此时再灌1次水，水量不要太多，以免引起土壤温度过度下降影响蒜苗生长。

每年4—5月大蒜抽薹时是套种西瓜的最佳时间。要选择早熟西瓜品种，例如西北农林科技大学的春雷、黑龙江省哈尔滨市香农种子公司等的礼品西瓜，播种前种子用温水浸泡3 d，当种子全部沉降到桶底后捞出，用湿纱布蒙上进行催芽。同时按有机肥（羊粪）30 kg、油渣7.5 kg、尿素2.5 kg、磷酸二铵2.5 kg、硫酸钾7.5 kg的比例配制西瓜专用肥（此为每亩用量）。播种时，在大蒜垄台上每隔40 cm挖1个30 cm深的坑，把西瓜专用肥施于坑底并与周围的湿土混拌均匀，再在其上按下约2 cm深的小坑，坑内放2粒已萌芽的西瓜种子，再盖上约3 cm厚混有肥料的土层。然后，自坑的一侧向坑内浇满水，当水渗下后，及时覆白色透明的地膜，膜的四周要压土封严。此时，大蒜田套种西瓜播种即告完成。

西瓜喜温耐热，生长适宜温度18～32℃，喜光照，在强光照条件下植株生长稳健。西瓜又是需肥水较多的作物，当西瓜叶片生长顶到覆盖农膜时要及时放苗，方法是在西瓜顶叶处把地膜开1小孔，掏出西瓜苗后再用土把地膜压到苗根部。西瓜苗适应外部环境后即可定苗，长到四叶一心或五叶一心时要把西瓜苗的生长点摘掉即要"定心"。西瓜四叶腋处长出4个子蔓时大蒜成熟，收获大蒜前4 d灌1次水，收获大蒜过程中要小心不要踩到西瓜植株（图4-6）。

图4-6　大蒜垄上西瓜出苗后，将苗掏出后仍将薄膜压严土

大蒜收获后为西瓜生长腾出了空间，西瓜的子蔓和孙蔓可以爬到原大蒜生长的地方生长；要看守住子蔓，不让子蔓长出孙蔓，一有孙蔓出现就打掉，只留雌花和雄花，在雌花和雄花上常有蜜蜂帮助西瓜授粉，雌花开后出现小西瓜，当西瓜长到核桃大小时，把子蔓的生长点（尖）掐掉，让养分和水分集中供应给西瓜生长以促进西瓜早日成熟。一般西瓜苗期留4～5个子蔓，就结4～5个西瓜；当西瓜底部须子自然干枯，此时用手指弹击西瓜会发出空声空气的声音，再加上西瓜表面呈现一层白灰色霜，表明西瓜成熟需要采摘出售。一般此时正值7—8月高温季节，也是西瓜的销售旺季（图4-7至图4-8）。

图4-7　农民首次收获亩产3 000 kg左右的大蒜（20世纪初期大蒜价格比较高），农民十分喜悦

图4-8　大蒜地里套种的西瓜成熟（亩产西瓜4 000 kg以上）

大蒜套种西瓜，收了西瓜后还可复种菠菜、荞麦、大白菜或大萝卜等早熟作物，实现一年三熟三收。

大蒜套种西瓜其亩产值非常可观。大蒜一般亩产1 000～2 000 kg，按亩产1 500 kg，3元/kg计算，可获得4 500元/亩收益；蒜薹亩产200～300 kg，按平均亩产250 kg、3元/kg计算，每亩地可获收益750元；西瓜一般亩产4 000 kg左右，按3元/kg计算，每亩可获12 000元收益。上述3项收益合计可达17 350元/亩，如果西瓜收获后再种第三茬蔬菜其产值会更高。一般而言，大蒜套种西瓜的亩产值相当于单作粮食的32倍（粮食作物亩产值按540元计），可见科学种植能提高农田的收益。

4.2.2　大蒜复种香瓜或哈密瓜

　　大蒜的栽培方法同前。大蒜收获后，耕翻平整土地或者直接打垄，种哈密瓜垄宽60 cm、香瓜垄宽40 cm。香瓜或哈密瓜种子用0.1%的高锰酸钾兑30℃温水浸泡两天两夜，催芽后播种。哈密瓜、香瓜种子播在垄台上，株距相同，均为30 cm。播种时挖深20 cm坑，把专用肥施到内10 cm深处，与周围湿土混拌均匀后按下2 cm小坑，播2粒种子，再盖3 cm厚混有肥料的土层。然后，自坑的一侧浇水至坑满，当水渗下后及时覆盖薄膜，用土压严四周。哈密瓜和香瓜专用肥的养分配比同西瓜专用肥。以后的田间管理也与西瓜相同，只是哈密瓜留8个孙蔓、结8个瓜，香瓜留16个孙蔓结10多个瓜。

　　哈密瓜或香瓜成熟时自然放出香味，需及时采摘上市。一般香瓜或哈密瓜的价格是西瓜的5~6倍，但亩产要比西瓜低得多；一般香瓜亩产1 500 kg左右，按5元/kg计算，亩产值7 500元；哈密瓜一般亩产3 000 kg左右，按4元/kg计算亩产值约12 000元；大蒜一般亩产1 500 kg左右，按3元/kg计算，亩产值4 500元。哈密瓜或香瓜产值与大蒜产值相加，亩产值在16 500元左右，其经济效益仍然很高。

4.2.3　大蒜复种箭筈豌豆混油菜

　　6月中旬大蒜收获后，按每10 kg箭筈豌豆种子配0.5 kg油菜种子的比例和用量机耕机播，同时随种子施化肥磷酸二铵10 kg；9月底留20 cm高茬收割箭筈豌豆混油菜鲜植株进行青贮或晒干用作畜牧饲料，留在田里的箭筈豌豆和油菜高茬及时耕翻、压到田里，然后灌水。此后适时播种下一茬作物。

大蒜复种箭筈豌豆混油菜收优质饲草3 500 kg，按饲草0.5元/kg计，可获收益1 750元/亩；其前作是大蒜，大蒜一般亩产1 500 kg左右，按3元/kg计可获收益4 500元/亩，两项合计亩产值在6 250元左右，也是比一季粮食作物单作增收很多。

4.2.4　大蒜复种雪莎、蚕豆、玉米、园根

6月大蒜成熟，在收获前4 d给大蒜田灌水；大蒜收获后尽早耕翻、打垄，然后播种雪莎、蚕豆、玉米，亩播种量分别是2.5 kg、5 kg、25 kg和0.5 kg。因为6—9月正值雨季，一般不会干旱发生，也不用特别灌水，但要搞好常规田间除草。收获作物的植物体用作畜牧饲料，也不必考虑其成熟与否，9月底时收割鲜植株。收割的作物鲜植株做青贮或进行晾晒，其留在田间的高茬做翻压压青处理，这样既支持了畜牧业的发展，又培肥了土壤，为粮食丰收奠定了基础。

4.2.5　大蒜复种荞麦、油菜

为了荞麦或油菜播种时有良好的土壤墒情，在收获大蒜前4 d要灌1次水；大蒜收获后马上耕翻、整地、打垄，播种荞麦或油菜。荞麦的播种量为10 kg/亩，油菜播种量为1 kg/亩。此后正常田间管理。9月荞麦、油菜收获，籽粒亩产量分别为160 kg和50 kg，这是大蒜收获后利用剩余水热光资源取得的农田土壤效益。

4.2.6　大蒜复种土豆、红薯

准备大蒜复种土豆或者红薯应在4月开始育苗。选向阳的山坡或墙根处，用砖砌出1 m宽、高和长适当的育苗池，池内铺40 cm厚

的松软肥沃土壤层，把无病又比较丰满的土豆或红薯种子均匀摆放在育苗池内的土层上，再用5 cm厚的砂土把红薯或者土豆种子盖严，浇透水，蒙上薄膜。以后及时拔草和按需浇水。

6月大蒜收获。此时红薯或土豆秧苗株高已达20 cm以上，揭开薄膜，使秧苗适应外界环境，然后将苗拔下并捆成100棵左右为一捆的秧苗捆待用。大蒜收获后马上耕翻打垄，把红薯或土豆秧苗移栽到田块内。移栽时挖深20 cm左右的坑，坑内施优质有机肥并盖一薄层土壤，把秧苗栽到肥、土层交接部，封土、浇水。有条件的可覆白色透明薄膜，没条件的待水渗下去后封垄。以后正常田间管理，至10月红薯或土豆均已成熟，垄的表面会被拱开并形成大缝隙；此时用人工或拖拉机耕翻，拣出红薯或土豆储存或上市出售。一般红薯或土豆亩产2 000 kg以上，可获收益4 000元以上。

4.2.7 大蒜复种大白菜、大萝卜、胡萝卜

大白菜、大萝卜、胡萝卜本来是夏季生长的3种蔬菜，与大蒜复种要在大蒜成熟时节适时收获大蒜，及时播种大萝卜等蔬菜。经过7—9月3个月生长，10月3种蔬菜即可正常收获。3种套种蔬菜作物生育期正值夏季，雨热充足，一般不需灌溉等特殊管理。套种的蔬菜作物产量高，经济效益相当可观，因此是提高土壤效益的又一个切实可行技术。

4.2.8 大蒜复种甜菜或烟草

大蒜复种烟草或甜菜情况较复杂，复种烟草必须在4月进行烟草育苗。烟草育苗地点要选择在背风朝阳之处，其苗床一般由中壤土质地的客土混入足量的腐熟有机肥，再配施少量的化肥而成；苗床土应有机质含量丰富，松软，通透性好，床面要整细整平。

由于烟草的种子颗粒很小，1 g烟草种子就有1.2万～1.7万粒，所以一般选择在无风的早晨按烟草种子：细砂为1：10的比例掺兑，充分混合后，再均匀地撒到土壤湿度适宜的苗床表面并踏实，用青松毛等不易腐烂物覆盖苗床并充分浇水。由于4月气温还比较低，为了提高和保持苗床温度，要用竹竿、木棍等在苗床四周距离苗床15~20 cm处搭架，上覆塑料薄膜成棚，四周压土封严，棚顶距苗床面40 cm左右；每日12—16时打开塑料棚的两端散热，以免高温灼伤烟苗。从播种到烟苗小十字种期，要在每天9—10时温度不高时给苗床喷水，保持苗床表面湿润；到第3～7片真叶期要适当减少浇水水量以促进烟苗根系生长。烟苗出齐后，揭去覆盖物使苗床露出1/3面积，烟苗长到两片真叶时再揭去1/3、露出苗床2/3，到四片真叶时揭去全部覆盖物，同时进行间苗。间苗时要拔掉大苗、小苗、弱苗、密苗，使留下的烟苗大小、长势均匀一致；烟苗的株距保持3.5～5 cm。烟苗出全出齐后，揭掉棚上覆盖着的塑料薄膜炼苗，当烟苗进入5～6片真叶生育期时，进行营养袋移栽。人工或由工厂制作加工长8～10 cm、宽6～7 cm的纸袋或塑料袋，袋中装满事先配制好的大田营养土，把烟苗自苗床剜出栽到营养袋内的营养土里，移植时烟苗的根系尽量带原土土团，壅实盖严，浇水。营养土由腐熟的细干厩肥100 kg与300 kg细土混合而成。把移植烟苗后的营养袋排放整齐，袋与袋靠紧、尽量不留空隙；要及时搭棚为假植的烟苗遮阴以避免太阳晒死苗，并适时用喷壶喷水。烟苗成活后拆除遮阴棚，当烟苗长到9～10片真叶时移栽到大田。移栽大田应正赶上大蒜收获时间。

曲水县、贡嘎县、扎朗县、乃东县等县域气候条件相似，6月大田温度在20～25℃，有利于烟苗植株的生长发育；早上和傍晚温度稳定在18℃左右，最适合移栽烟苗。移栽前要配制好烟草专用肥，其化肥氮、磷、钾元素比为5：1：2，钾肥尽量不用含氯的氯化钾；要多用有机肥，堆放好待用。

大蒜收获后马上耕地、整平，画线打垄。垄宽0.8~1 m、垄高0.5 m左右，两垄间每隔0.6 m挖一个20 cm深的坑，坑内施入烟草专用肥并与周围土壤混拌均匀，把假植的烟苗自假植袋中挖出，尽量多带土放在坑内，培土、夯实，随后浇水至满坑。当水渗下去后，覆膜、四周盖土压膜，同时开孔把烟苗放出。当烟苗长到约1 m高时，把其生长点掐掉，让其保持一定数量的叶片；此时开始从底部采摘烟叶，每株每次只能采摘4~5片烟叶而不能多采，采摘时还要先看或者用手触摸根据感觉判断烟叶的厚度、采厚者而不采薄者。采摘下来的烟叶要及时进行晾晒或熏烤。

一般烟草亩产烟叶在1 000 kg以上，晾晒后形成干烟叶产量在150 kg左右，其收益约为1 500元/亩；在大蒜亩产值4 000元的基础上每亩再增收1 500元烟草钱，效果也十分可观。

大蒜复种甜菜的操作相对简单。大蒜收获后马上耕翻整地，随后按每亩1.5 kg甜菜种子的用量，掺土、混拌均匀后播种。可采用人工撒播和机播的方式播种，播种后用耙子把田面细耙一遍；如果甜菜种子经过事先浸种处理、播种5 d就可出苗，没浸种的大约10 d后出苗。在甜菜苗高10 cm时田间除草1次、彻底除去杂草；甜菜苗较密之处需进行间苗，以保持每亩15 000株左右为宜；还要注意防治病虫害。甜菜一般10月初成熟；收获前要先灌水，在土壤墒情适宜时收获。收获的甜菜可晾晒后用作饲料，也可用于制糖加工。甜菜产量一般5 000 kg/亩左右，其收益在2 000~3 000元/亩，加上大蒜4 500元/亩、蒜薹750元/亩收益，亩总收益可达7 000元/亩以上。

4.2.9　大蒜复种青稞、小麦

西藏6月雨热同步，此时播种的早熟春青稞或春小麦秋季都能正常成熟。乃东县昌珠镇克松村在200亩示范试验田上大蒜复种春青稞，结果春青稞10月成熟，获得了150 kg青稞/亩的好收成，当地农民满意地说"这是偏得的意外收获"。

还有油菜复种各种早熟作物15个组合，不再一一介绍。

4.3　蔬菜作物套复种

蔬菜大都生育期较短，西藏一般3月开始春播，6月蔬菜成熟；6月正是当地水热同步的时节，蔬菜收获后完全可以再种一茬早熟的其他作物。作物复种不仅利用了水热光资源，也提高了农田土壤的利用率，增加了土壤的收益。

4.3.1　大萝卜复种春青稞或春小麦

大田种蔬菜必须细整地多施肥。3月初把优质农家肥施到田里，耕翻、打垄或作畦，应选择品质好、个头大、早熟的韩国白玉或水晶萝卜等蔬菜品种及时播种，正常田间管理，6月即可成熟。蔬菜种子的用量一般为1.5～2.5 kg/亩。蔬菜收获后播种青春稞或春小麦，10月春青稞或春小麦也都能自然成熟。一般早熟春青稞、春小麦亩产分别在200 kg、250 kg左右。

4.3.2　大萝卜复种土豆或红薯

大萝卜复种土豆或红薯，要在3月种大萝卜，4月育土豆或红薯苗，6月收获大萝卜时土豆或红薯苗已长到可移栽高度，正好拔出移栽至大萝卜地。移栽时要适当施入含钾化肥以保证土豆或红薯获得较高产量，实现一年两收，充分利用水热光资源，提高农田效益。

4.3.3 大萝卜复种大蒜

6月大萝卜收获后施足底肥，播种大蒜。贡嘎县和乃东县都有少部分农户大萝卜复种大蒜，实现了一年两收；这种种植方式农民有些辛苦，但收益增加明显。一般大萝卜亩产4 000~5 000 kg、大蒜1 500 kg左右，是深受欢迎的技术模式。

4.3.4 大萝卜复种西瓜、香瓜、哈密瓜

大萝卜属耐低温的中早熟蔬菜种类，可以在-3℃不冻伤；为此在2月底至3月初播种大萝卜，与西瓜或哈密瓜、香瓜复种，可顺利实现一年两收。大萝卜选当地品种红萝卜或韩国白玉萝卜，西瓜则选种西北农林科技大学和品种春雷。

早春种植大萝卜，要适时灌水，在墒情适宜时施足有机肥、耕翻、打垄，用直径2 cm的木棍在垄上每隔20 cm扎1个直径6 cm的孔，把大萝卜种子播到孔内，每穴2~3粒。此后及时拔草、松土、灌水，到6月大萝卜成熟。收获前灌1次水，这是由于灌水后拔萝卜更容易一些，二是为种下茬西瓜或香瓜、哈密瓜打好墒情基础。大萝卜收获后，在原来的垄上每隔30 cm挖1个30 cm深的坑，施入西瓜专用肥后盖上1层土，播入2粒西瓜（香瓜或哈密瓜）种子，再盖2 cm厚的细土，沿坑边浇水，水渗下后覆盖白色透明薄膜，压严土。隔一垄、播种下一垄西瓜，西瓜出苗后要及时掏苗、压土，详细操作同前面介绍的西瓜栽培和管理。这种大萝卜复种西瓜或哈密瓜模式效果也很好，显著提高了农田土壤的效益。

大萝卜或者大白菜、菠菜的后茬复种玉米、蚕豆、油菜与箭筈豌豆混播、油菜、圆根、菠菜、甜菜、胡萝卜、大白菜、荞麦、燕麦、雪莎、大豆、向日葵、烟草等10个作物，都能充分利用剩余水、热、光，提高农田土壤的效益。

4.4 豆科作物、绿肥、饲料作物复种

4.4.1 蚕豆复种油菜

蚕豆是最方便种植的作物，其种子个体大，萌发能力强，一般农田耕翻耙平，土壤墒情适宜时播种即可出齐苗。蚕豆每亩播种量25 kg。播种前已经泡涨蚕豆种子播深5～10 cm时5 d就可出苗；此后适时追施尿素10 kg/亩并进行其他田间管理，蚕豆很快就长到20 cm高，2月底种，6月底成熟，收获后马上耕翻耙平整地，接下来就可播种下茬作物油菜。

早熟小油菜的播种量为1.5 kg/亩，油菜播种要准确把握深度，对土壤墒情要求也比较严格，必须在土壤含水量20%时控制播深3 cm。小油菜7月初播种，10月成熟，要及时收获，以免籽粒会落入田间。

蚕豆亩产一般在300 kg以上，油菜亩产可达150 kg；蚕豆复种油菜的亩产值比单一种植青稞提高1倍以上。

4.4.2 蚕豆复种燕麦、荞麦、玉米

蚕豆2月底播种。播种前田块要灌水，蚕豆种子要浸泡，并在土壤墒情适宜时耕地打垄；蚕豆亩播种量25 kg左右。同其他作物一样，蚕豆播种后需要进行除草、松土、浇水、施肥等田间管理，6月底至7月初蚕豆成熟，即可收割。蚕豆收获后先施有机肥、再耕翻打垄，然后播种燕麦（或者荞麦、玉米等）。在此期间进行常规田间管理，至10月燕麦等作物成熟，成熟后要及时收割；如果后茬作物是玉米，则要收青秆用作饲料。这样的复种组合也比单一种粮食收获多，农田土壤的效益增加。

4.4.3 蚕豆复种香瓜、圆根、菠菜、大萝卜、大白菜

对这一复种组合中的5个单项种植方式不再一一介绍。应根据每一作物对水、热、光要求的生物学特性进行组合种植；同时，要统筹田间管理措施，以确保复种的前茬、后茬作物能够正常生长发育并有足够的时间成熟，就能获得较多的收益。

4.4.4 雪莎复种系列

雪莎生育期比较短，耐寒耐旱，是西藏土生土长的野生豆科绿肥。野生雪莎适应能力特别强，能和冬青稞、冬小麦一样安全越冬，10月初播种、翌年5月初就可成熟收割，可为复种下茬作物腾出更多的时间。雪莎的播种方式也比较简单，对土壤条件要求不严格，与中熟作物复种可以一年两收，与早熟作物复种可以一年三收。

拉萨、山南、林芝、昌都等4个地区可在10月播种，亩播种量5 kg，12月灌冬水，经过11月至翌年2月的4个月后，在田内生育期超过100 d、5月成熟即可及时收割。其后茬可复种玉米、土豆、红薯、燕麦、蚕豆、西瓜、哈密瓜、香瓜、菠菜、大蒜、荞麦、油菜、箭筈豌豆、园根、青稞、小麦、大豆、向日葵、烟草、大萝卜、大白菜、胡萝卜等20多种作物。这一复种形式大幅提高了农田土壤的利用率，增加了收益。

4.4.5 箭筈豌豆复种系列

1998年至2000年9月底箭筈豌豆收获时种子均有自然落粒并出苗安全越冬，翌年继续生长。2005年，进行箭筈豌豆种植试验，箭筈豌豆种子出苗后安全越冬，2006年4月长势良好。证明秋季10月播种、翌年6月收割箭筈豌豆，再复种中熟或晚熟作物，实现一年

两收或一年三收是可行的。

　　箭筈豌豆播种方法比较简单，和其他农作物一样在正常情况下正常播种即可。能和箭筈豌豆复种的中熟和早熟作物有很多，因其在6月收获，7—9月水热光资源比较充足的缘故。常用的复种方式有：箭筈豌豆复种西瓜一年两收；箭筈豌豆复种荞麦、再复种香瓜一年三收；箭筈豌豆复种园根一年两收；箭筈豌豆复种蚕豆一年两收；箭筈豌豆复种油菜一年两收；箭筈豌豆复种青稞或小麦一年两收；箭筈豌豆复种土豆、红薯一年两收；箭筈豌豆复种香瓜、荞麦、菠菜后再复种园根、大白菜、大萝卜等一年三收。

4.5　油料作物的复种系列

　　油菜分芥菜型、白菜型和甘蓝型3种，其中芥菜型和白菜型不怕霜冻。为此不同油料作物复种可选种芥菜型和白菜型作物；芥菜型和白菜型油料作物每年3月1日就可播种。播种的前4 d灌1次水，田间土壤墒情适宜时施有机肥，撒施均匀后耕翻、细整地以适应油菜种子颗粒小、出苗要求条件高的情况以确保出全苗。油菜的亩播种量0.5 kg左右，播种方法是把播种机的下种子孔隔1个堵1个，把播种量的刻度调至10 kg处，再把0.5 kg油菜种子与10 kg磷酸二铵、5 kg尿素混拌均匀，装到播种箱内，铺平，然后开始播种。

　　当油菜苗高到10 cm左右时要进行拔草、间苗、追施氮肥等田间管理。尿素追施与松土结合进行，用量为5 kg/亩，追施到土层5 cm深处，追后及时浇水；在油菜长到株高20 cm左右时再追施尿素1次，用量为每亩10 kg，可用撒施均匀后立即松土、除草的方法使尿素混入表层土壤。一般除草后经过一个晴天暴晒将除掉的杂草晒死，再进行灌水，这样有利于油菜高产的提升。7月中旬油菜成熟，及早收获，后续可复种各种早熟作物。

油菜后茬可复种的作物有很多；后茬作物10月可以收获，农田土壤的效益得到提高。常见油菜复种方式有：油菜复种菠菜、油菜复种雪莎、油菜复种箭筈豌豆饲草、油菜复种玉米（青秆做饲草）、油菜复种胡萝卜、油菜复种园根、油菜复种燕麦、油菜复种蚕豆、油菜复种荞麦、油菜复种香瓜、油菜复种哈密瓜、油菜复种大萝卜或大白菜、油菜复种早熟小油菜。

4.6 其他作物复种

西藏自治区主要农区的农田种植一季作物其水热光资源有较多的剩余，而生产两季又不足，因此，选择生育期短的粮食作物、经济作物等相互搭配、组合，就可以实现一年两收、个别的甚至是一年三收，从而通过改造农业传统耕作制度，科学利用当地水、热、光、田资源而使农业生产创造出更多效益，例如常见的套种作物组合有冬菠菜复种西瓜再复种荞麦一年三收、大蒜复种西瓜再复种小油菜一年三收、西瓜复种荞麦再复种园根一年三收、香瓜复种菠菜再复种荞麦一年三收、小油菜复种香瓜再复种秋菠菜一年三收、大蒜复种雪莎再复种荞麦一年三收。

按上述思路，还有很多套种方式可供选择。一些生育期短的早熟作物往往可用于与其他作物组合的穿插、连接。例如荞麦生育期60 d，通常用于冰雹、洪水过后的救灾补种，种荞麦还会有一定的收获，而种其他作物就成熟不了。香瓜、菠菜、园根、小油菜都是生育期较短的作物，复种可有效利用剩余水、热、光、土壤资源，获得较好效益。

4.7 利用水、热、光资源提高农田土壤效益关键技术

4.7.1 主要技术特点

利用水、热、光资源提高农田土壤效益技术可操作性强，时间要求严格，涉及的作物种类多，不同作物套种、复种的切入点要准。

4.7.2 主要创新点

利用一年只种一季作物传统耕作制度剩余的水热光资源，充分利用农田土壤资源，可增加农业收益，提高种植指数，创造出在海拔3 000 m以上地区冬青稞、冬小麦套复种箭筈豌豆、蚕豆和大蒜套复种西瓜等270个露地栽培作物组合，使高寒地带农田亩产值增加数千元、个别地区亩产值达到上万元，开辟了一年两收、一年三收的高产高效新途径；建立了多元化种植结构的生产技术体系，形成了在稳定粮食生产基础上大量种植优质牧草的机制，通过调整种植结构改造了传统的耕作制度。

解放思想是创新的基础，敢想敢干是发明的前提；很多技术只是大多数人没想到或者想到了没敢去做，从这个意义上说发明、创新又是简单、容易的。

4.7.3 关键技术

首先要掌握两种或两种以上作物生育期和对水热光条件的基本需要，其次是将两种或两种以上作物对接组合起来，对接和组合的原则是既减少占地面积又要提高耕地单位面积的产出量和总产量，再次是将空出的耕地种植经济作物或者饲料作物，提高农田土壤的利用率，增加效益，使农民快速大幅度增收，实现农、牧、经多方面发展的效果最佳。

表4-3　经济作物一年两收与传统纯粮种植效益比较

| | 经济作物一年两收 | | | 传统纯粮作物 |
| | 大蒜 | | 西瓜 | 小麦 |
	蒜头	蒜薹		
亩产量（kg）	1500	250	4000	300
单价（元/kg）	3	3	3	1.8
亩产值（元）	4500	750	12000	540
经济收入（元）	17350			540
经济投入（元）	2000			100
净增收入（元）	15350			440
投产比值	1：8.68（2000：17350）			1：5.4（100：540）
利润率	1：7.7（2000：15350）			1：4.4（100：440）
单与经作套种投比	1：20.0（100：2000）			
单与经利润比	1：34.9（440：15350）			
套比单增收	32.1倍（17350÷540）			

注：《西藏一年两收套复种实用技术》，2007年，西藏人民出版社。

表4-4　粮、饲作物一年两收与传统纯粮种植效益比较

| | 粮、饲作物一年两收 | | | 传统纯粮 |
	小麦（青稞）	蚕豆混豌豆饲草	培肥地力翌年粮食增产	小麦（青稞）
亩产量（kg）	300	5000	90	300
单价（元/kg）	1.8	0.5	1.8	1.8
亩产值（元）	540	2500	162	540
经济收入	540+2500+162=3202			540
经济投入	250			100
净增收入	2952			440
投产比值	250：3202=1：12.8			1：5.4

（续表）

	粮、饲作物一年两收			传统纯粮
	小麦（青稞）	蚕豆混豌豆饲草	培肥地力翌年粮食增产	小麦（青稞）
利润率	1：11.8（3202：250）			1：4.4（100：440）
单粮与套投比	1：2.5（100：250）			
单粮与利润比	1：7.3（440：3202）			
套比单增收	增收5.9倍（3202：540=5.9）			

注：《西藏一年两收套复种实用技术》，2007年，西藏人民出版社。

以上是利用水、热、电、光、田资源的直接经济效益。

如果将饲草用于奶牛和肉牛饲养，按牛肉和牛奶产出计算产值所得间接经济效益结果更为可观。这是因为5 000 kg鲜饲草青贮每年可喂养1头牛，1头2～3年生的牛至少8 000元。另外，箭筈豌豆、蚕豆作为豆科植物具有特殊的养地功能，其下茬作物一般增产30%～40%，再配施一定量的磷肥和钾肥，冬小麦亩产可达400 kg以上，产值在720元左右。牛肉、牛奶产值和培肥地力的效果累加在一起，其产值远不止10 000元。

4.7.3.1 粮食作物与经济作物复种

冬青稞复种香瓜，冬青稞亩产值370元；香瓜亩产1 500 kg、价格按4元/kg计，亩产值达6 000元。两项合计，亩产值为6 370元。

4.7.3.2 粮食作物与饲料作物复种

冬青稞套种燕麦，冬青稞亩产值370元；燕麦草亩产2 000 kg，价格按0.2元/kg计算，亩产值为400元。两项合计总产值达770元/亩。

4.7.3.3　豆科作物复种饲料作物

蚕豆复种饲料玉米，如前所述蚕豆亩产值为600元；饲料玉米亩产3 000 kg，价格按0.2元/kg计算，亩产值为600元。两项合计总产值达1 200元。

4.7.3.4　粮食作物与油料作物复种

冬小麦复种小油菜，冬小麦亩产300 kg，产值约518元；油小菜亩产150 kg，亩产值约450元。两项合计亩总产值968元。

4.7.3.5　粮食作物与豆科作物复种

冬青稞复种蚕豆，冬青稞亩产值370元；蚕豆鲜草亩产3 600 kg，产值720元。两项合计亩总产值1 050元。此外，蚕豆根瘤固氮培肥地力、下茬作物增产的收益也是显著的。

4.7.3.6　粮食作物复种蔬菜

早熟青稞复种秋菠菜，春青稞亩产250 kg，产值300元；秋菠菜亩产1 000 kg，产值1 000元。两项合计亩总产值1 300元。

4.7.3.7　经济作物与饲草作复种

饲料玉米复种荞麦，荞麦亩产150 kg，产值450元；青玉米饲料亩产3 000 kg，产值600元。两项合计总产值1 050元。

4.7.3.8　绿肥作物复种饲料作物

雪莎复种燕麦，雪莎亩产100 kg，产值1 000元；燕麦草亩产2 000 kg，产值1 000元。两项合计总产值2 000元。

4.7.3.9　油料作物复种经济作物

早熟油菜复种香瓜，油菜亩产150 kg，产值450元；香瓜亩产

2 000 kg，亩产值4 000元。两项合计总产值4 450元。

接下来，把上述11种套复种作物组合类型的亩产值累加求和、再求算每公顷产值、平均值，再减去传统的单一作物种植方式的总产值6 660元，即得出进一步开发利用水热光资源提高农田土壤利用率获得的经济效益。不同作物套复种获得的平均经济收益如下

$$（ 11\ 540+970+6\ 370+770+1\ 200+968+1\ 050+1\ 300+1\ 050+2\ 000+4\ 450）/11=2\ 878（元）$$

即每公顷43 176万元，减去传统产值6 660万元，则36 516万元就是比传统种植增收的，再把10 000 hm^{2}的利用水、热、光投入技术费用累加起来有900万元，算其投资比为900：43 176即1：47.97，传统单一作物种植每公顷收益平均值为6 660元，则套复种比单一作物种植增加的收益为

$$43\ 176万元-6\ 660万元=36\ 516万元$$

如果全自治区所有具备种植冬青稞水热光条件的农牧区，都采用冬青稞复种蚕豆或者套种油菜混箭筈豌豆方式种植，亩产3 500 kg鲜嫩饲草是有保证的；按每千克鲜草0.2元计，每亩可增收700元，扣除种子、机械、人工等费用100元，净增收达600元，投资比为100：600，即每投入100元可收入600元，经济效益十分可观。

2006年，在贡嘎县、扎朗县、乃东县、加查县推广不同作物套复种技术2 000亩；其中，大蒜套种西瓜200亩，大蒜复种香瓜混箭筈豌豆200亩，大蒜复种高秆油菜混箭筈豌豆100亩，大蒜复种饲料玉米120亩，冬小麦套种箭筈豌豆360亩，冬小麦复种蚕豆20亩，春油菜套种箭筈豌豆1 000亩。结果在正常收获前茬作物的基础上，每亩又生产5 000 kg优质饲草，按当年收购价0.8元/kg计算，仅饲草一项每年每亩增收4 000元。除去大蒜套种西瓜200亩剩余的复种的

1 800亩直接增收720万元，这对于当地农民脱贫致富效果是十分突出的。

近年来，贡嘎、扎朗、乃东、加查、曲水等县实行退耕还林、退耕还牧，大面积连片农田改为牧草草场而种植苜蓿。实地取样调查结果表明，一年中牧草割刈3次、收获的牧草数量逐次下降，3次总产草量为4.9 kg/m²；据此计算，一亩草地产鲜草3 263 kg，折合产值为652.6元。如果采用冬青稞套种箭筈豌豆的话，可在亩收青稞300 kg的基础上，每亩再增收鲜饲草3 000 kg以上；按每亩生产粮食的产值360元、生产牧草的产值600元计算，总计可获得收益960元，比清种苜蓿草增收300多元。在不影响粮食生产的基础上增收的优质牧草，一举多得。

因此，可以认为农田退耕还牧种草不如套复种豆科作物效果好。

4.7.4 社会效益分析

改造传统耕作制度，建立一年两收、农牧结合、结构合理的种植结构，可使西藏自治区农区的种植指数增加1；通过开发水热光资源、提高农田土壤生产能力，在稳粮食基础上增加优质牧草产出，建立以农养牧、以牧促农、农牧结合与农牧相互促进、共同发展、良性循环机制，有助于解决西藏自治区农村能源紧缺、人缺钱、地缺肥、畜缺草料困难。充分利用当地传统种植方式剩余的水、热、光、田资源，把自然资源优势转化为经济优势，创造稳粮、丰草作物栽培模式，形成了以大蒜套种西瓜为代表的270余种经经、经饲、粮饲、粮油、粮经等作物套复种组合，填补了西藏自治区主要农区一年两收的技术空白。这些技术的推广应用大幅度增加农民的经济收入，推动西藏经济发展，促进西藏社会稳定，加速了西藏全面建设小康社会的进程。

4.7.5　生态效益分析

开发利用水、热、光资源提高农田土壤资源利用率，多种作物间套复种，改变了传统一年只种一季粮食作物的耕作制度，作物茬口轮换、不再连作，收到了良好的生态效益。270余种套复种组合中，大部分是冬青稞或冬小麦套种箭筈豌豆、雪莎、蚕豆、油菜、燕麦、蔬菜等，或与经济作物大蒜、西瓜套种，特别是大面积套复种豆科饲草、绿肥，有力促进了农田生态环境的改善。

例如冬青稞或冬小麦复种箭筈豌豆、复种蚕豆、雪莎等豆科作物，豆科作物根系根瘤菌固定空气中氮素，可提高土壤氮素养分含量，培肥地力；同时由于改变了作物的茬口，农田生态环境改善，使原来寄生在麦类作物身上的病虫及田间草害被抑制减轻。套、复种长期坚持、不断循环下去，耕地会越种越肥、产量会越来越高，农作物病、虫、草害也会越来越少，从而减少了化肥和农药的用量，使农产品品质越来越好。

4.7.6　技术推广前景分析

全国上下正在实施增加农民经济收入的富民工程。西藏自治区总耕地面积有36万hm^2，其中6万hm^2大于0℃年积温2 860℃以上，可以根据各自的自然优势开发利用种植一季粮食作物剩余的光、热、水资源，有希望再收获一季作物。这一技术投入少、利润大、来得快，生态、社会、经济效益都好，按前面的经济效益分析，每1万hm^2农田可增收3.5亿元，推广6万hm^2可增收21亿元，全区200万农民人均增收990元，6万hm^2农田上的34.8万人口人均增收5 700元。西藏开通火车后，无污染的优质农产品远销国内外。

4.7.7　实施的风险分析

　　只要无大的自然灾害，多种农作物套种复种项目的实施基本不受影响，这是因为本项技术效果如何主要决定于人们的管理水平和责任意识；本项技术可操作性强，只要管理跟得上一般情况下不成功的风险很小。

　　国内外科技文献查新结果表明，西藏农区一年两收套复种研究国内外无相关报道，说明本项技术属创新性成果，填补了国内外农业在海拔3 000 m以上地区一年两收（甚至三收）的空白。其经济、生态、社会效益极显著。

4.8　关于推广提高农田土壤效益关键技术的两点建议

4.8.1　建议在自治区内全面推广

　　从1992年以来，连续15年农村科研和技术推广实践证明，凡是当地政府行政措施到位，科技就会发挥出巨大的潜力。例如，1992年林周县甘曲乡政府十分重视低产田改造技术，组织各村村干部把每项措施都落到实处，结果1994年全乡粮食总产比1991年增产70%，其中示范村美娜村增产1倍。

4.8.2　建议扩大技术资料的发行面

　　建议把本项技术资料译成藏文在全区发行。

第五章

西藏农业土壤改良实用技术的
总结与展望

5.1 农田土壤的改良与培肥

土地（阳光、水）是人类赖以生存的基础之一，要想生存得好一定要肥沃的土地。人们从肥沃的土地上获取更多更好需求物质，要想获取更多更好的所需物质，必须对土地进行有目的和目标的改造。具体改造土地首先接触的是耕地，改变耕地产出数量和质量，头一道工序是改良土壤。因此，怎样改良和利用土壤便成为直接改变人类生存所需要物质重要工作，从事土壤科技工作也就自然地要承担该项工作的重要责任。

5.1.1 从土体构型角度谈土壤改良

土体构型研究证明，凡是具备良好土体构型的任何土壤都能促进农作物高产稳产优质。土体构型粗分有表土层、耕作层、亚耕层、犁底层、底土层（心土层）等5层，细分有更多层，暂且按粗略的5层来讨论。农作物的根系有70%～80%分布在耕作层，15%左右分布在亚耕层，10%左右分布在犁底层，5%左右分布在心土层。表土层是作物的根系与外界交往层，很薄；耕作层如同人活动的主要场所；亚耕层是"休息"的地方；犁底层是"仓库""厨房"，即储存和加工食物的地方；心土层是相当于支撑空间的"天"或"地"。

要想农作物生长发育良好并获取高产，必须具有很好生长发育的空间即耕作层和各种必须物质都贮备充足的犁底层，还要有厚实的底土层。因此，耕作层和犁底层就是创造农作物高产的重要工作方向，自然土壤不可能完全具备作物高产的条件，肯定存在各种不利因素，人们耕作已久的耕地也会因为人为活动打破了均衡条件，出现障碍因素。因此，需要改造不利农作物生长发育因素，创造有利于农作物生长发育因素。

如何创造适合农作物高产的有利因素，土体构型研究明确表明，构建适合农作物生长发育的舒适环境和齐全的条件，随时都可以提供满足农作物需要的物质基础。

在土体构型的框架中，耕作层是作物根系生长发育的重要环境，要活得舒适、吃、喝、拉、撒、睡、活动条件全具备，这层就要物质结构合理、疏松暄和，固体物质与液体物质比例协调，水、气、热比例和运行协调，速效性养分供应及时而有效。犁底层是农作物的根系需求的物质仓库，不论是人为施入还是土壤自然转化的各种农作物需要营养的物质都存在于此层；因此，犁底层要紧实，起到承上启下的作用，不能把来自上面耕作层的水、肥、气、热泄漏掉，保持在此层以上，同时在耕作层水分不足时又要能够吸收地下水并上升传导补充给耕作层。

所以，改造低产田、建设高产田，从土壤角度来讲，重点创造适合农作物生长发育的这两层土体的构型。在构建理想耕作层中，土壤微团聚体起决定性作用，而土壤微团聚体多与少、好与坏直接由土壤有机质的数量和质量及性质决定；抓住土壤有机质，改造土壤微团聚体，进而改造土体构型而培肥提高土壤肥力，提高和保持土壤有机质稳定在一定的数量和质量工作只能增强不能削弱。

5.1.2 从立地环境角度谈土壤培肥改良

土壤是研究土地的一个缩影，衡量生产力和经济效益都是一定面积的土地来计算的，所以培肥和改良土壤不能单从土壤本身来实现，要从与土壤相关的大环境角度考虑。例如一定面积的土地，因为土壤所处的坡度不同、土壤中的水分含量不同或因距离水源、河流远近以及灌溉水的数量不同而使土壤肥力、耕地生产力不同。

因此，要想全面地培肥改良或提高农田土壤肥力，必须平整土地，兴修水利，建设好农田灌溉和排水的提水、灌水及水渠等配套体系，才能保证农田土壤整体肥力及整体生产能力。

5.2 利用水、热、光、土壤与作物资源提高农田效益

土壤并非自然界中的独立体。土壤在诸多因子共同作用下产生效益，科学利用多种资源将会产生更多效益，所以要增加或提高土壤效益必须把自然的水、热、光、田资源综合充分利用才会产生和获得更大效益。

西藏自治区以拉萨为中心的农业种植区处在赤道线的北纬30°，与成都、重庆、武汉、杭州、宁波等同处亚热带的地理经纬线上；由于西藏地面高崇，相对寒冷一些，因此水热光因素非常独特。西藏农业种植区与上述地区明显不同，农作物不能一年两熟或两季半熟，而是一熟农作物的水热光有余，另两季水热光不足。以拉萨为例，冬青稞或冬小麦到7月均已成熟，而7—10月大于等于0℃积温有1 060℃，占全年大于0℃积温2 911.1℃的36%，大于10℃积温1 799.4℃，占全年大于10℃积温2 116.9℃的85%；7—10月的降水量332.5 mm，占全年降水量444.8 mm的75%；每月太阳总辐射

65 573 cal/cm²，占全年185 922.2 cal/cm²的35%；而7—10月时间段雨热光同步，最适于农作物生长发育期的时长可达约100 d，完全可供早熟农作物一季生长的水热光需求，具有很大的开发利用潜力。

　　每年7月正值"望果节"，但此时不及时收割就会导致冬青稞过熟，粮食籽粒营养倒流，落粒落穗十分严重，不仅直接影响农产品的产量也影响粮食品质，浪费了大好的水热光同步的时间（图5-1至图5-3）。

图5-1　每年7月农村的广大农民必过的传统"望果节"，此时正是冬青稞、冬小麦成熟期，理应抓紧时间收割

图5-2　农民放假一周，杀猪宰羊、牛，喝青稞酒庆祝丰收

图5-3　未及时收割小麦、青稞，青稞和小麦过熟而产生掉粒、落粒现象，籽粒内的营养倒流，既减产又损失营养、品质下降

如果选择早熟农作物和其他经济作物及时套、复种，不仅直接利用大好的水热光资源，也大幅度地提高了农田土壤资源的利用率，增加了农田土壤效益。从整个农牧业生产角度看，提高农业种植指数，彻底调整农业种植结构，是一场深刻一次革命。

5.2.1　依靠解放思想推动技术创新

西藏自治区农业历史比较短，农耕制度落后、原始时间较长，刀耕火种，农田管理从来都比较粗放，旧农耕留下的传统习惯比较普遍。在广大农民中一年一熟冬青稞或春青稞种植了几百年，每年一度的望果节已成深入民心的传统，形成了根深蒂固的习惯。

全面实行不同作物套复种，不仅需要大面积示范，还要广泛地宣传；要采用藏汉两种语言的科教片从上层领导到基层百姓全面科学普及，与实地试验、示范相结合进行宣传教育，破除传统耕作制度和旧农田粗糙开放管理的习惯。要提高效益观念，增强科学种田新农业概念，改革传统耕作制度，彻底扭转单一粮食作物农耕观念，全面推行科学利用水热光田资源，因地制宜地发展农牧经蔬菜生产，实行科学种田。

5.2.2　查清农业资源状况打牢高效利用水、热、光、土资源基础

　　只有掌握了当地的水热光资源特点和各种作物对水热光需求规律，把两者科学地结合起来，才能合理地搭配与对接各种农作物。在一定的水热光资源范围内，把作物生育期及对水热光条件匹配，组合成一年两熟或一年三熟作物品种套种或者复种的组合，可提高对农田土壤的利用率、大幅度增加农田土壤的各种效益。

　　例如采取大蒜套种西瓜这样的经济作物与经济作物套复种，一年内可产生原土壤生产值的十倍或几十倍的经济收益。绝大部分农田土壤搞粮豆、粮绿、粮饲套复种，既保证正常粮食生产，又增加饲草、绿肥、蔬菜等额外增收，还改变农田土壤作物茬口，轮作又培肥了地力。

　　通过提高水热光资源利率大幅度增加农田土壤经济效益、生态效益和社会效益，对农民而言能带来比单纯一季粮食作物多增收一倍以上的经济收益，尤其经济收入较低的农民很有意义。经济条件改善后，可用于生产资料、设备的更新和再生产的投资，用于服装及家具升级。从西藏整体经济发展角度，改变低产值的经营及落后的耕作技术与耕作制度，将大幅度推动农业生产进步，提高农牧业总产值，推动西藏经济整体大幅度提升。

参考资料

关树森，1995. 林周县低产田改造综合技术研究［M］. 拉萨：西藏人民出版社.

关树森，2007. 西藏耕地土体构型研究［M］. 拉萨：西藏人民出版社.

关树森，2007. 西藏一年两收套种复种实用技术［M］. 拉萨：西藏人民出版社.

关树森，2013. 西藏自治区肥料研究与实用技术［M］. 北京：中国农业科学技术出版社.

刘朝端，1979. 讨论西藏高原土壤类型及三维层性分布［M］. 杭州：浙江人民出版社.

西藏自治区统计局，国家统计局西藏调查总队，2008. 西藏统计年鉴［M］. 北京：中国统计出版社.

西藏自治区土地管理局，1994. 西藏自治区土地资源评价［M］. 北京：科学出版社.

西藏自治区土地管理局，1994. 西藏自治区土壤资源［M］. 北京：科学出版社.

中国科学院南京土壤研究所，1978. 中国土壤［M］. 北京：科学出版社.

中国科学院青藏高原综合科学考察队，1985. 西藏土壤［M］. 北京：科学出版社.

中科院南京土壤研究所青藏组，1979. 西藏高原主要成土作用和土壤分类［M］. 杭州：浙江人民出版社.